新版

絵でわかる

日本列島の
誕生

堤之恭 著

JN047143

講談社

ブックデザイン　坂本弓華(dig)
カバー・本文イラスト　カモシタハヤト

　世の中は、ものすごいスピードで移り変わっていきます。小・中学生の「なりたい職業」にユーチューバーがランクインすることなど、数年前には考えられませんでした。今やわが子もテレビよりもユーチューブです。とくに、コロナ禍以降のデジタル化・オンライン化の波には抗いようもなく、筆者の職場でも、会議などはオンラインで済ませることが大半になりました。それを、便利になったととるか、情緒がなくなったととるかは、人それぞれでしょう。

　悠久の流れの中にある地質学でも、変化が続いています。そんな中、担当編集者に「次の重版の前に改訂しましょうか？」と口を滑らせたところ、「ぜひやりましょう」との、ありがたいお言葉（汗）を頂戴しまして、本書の出版と相成りました。

　筆者はもともと、白亜紀以前の古い岩石を研究の対象としてきたので、新生代という「新しい時代」にあまりくわしくなく、旧版では新生代の話の密度は高くありませんでした。しかしながら近年、さまざまな共同研究を通じて若い岩石試料を調べる機会も増え、そのたびに得た知識を書きためた備忘録を、改訂した部分のもととしました。その結果、第7章（日本海形成）以降は、大幅な内容増となっています。

　ほかには、第2章では付加体形成と対を成す構造浸食に関する記述を増やしました。とくに第3章のジルコン年代に関しては、入門書としては過剰な情報量になってしまいました。「チバニアン」「日本最古の岩石」や「翡翠の年代」など、最近の話題を解説するには、どうしても必要でした。そのため、旧版に比べて50ページほど分厚くなっています。

　それにしても、旧版の出版からわずか7年弱で改訂版を出すことになるとは、当時は思っていませんでした。ほかの科学・技術とともに地質学の進歩も加速している感があります（それとも筆者の速度が鈍っているのか……）。そんな世の中で本書が、日本列島の地質を理解するための一助となることができれば幸いです。

2021年4月
堤　之恭

はじめに　iii

CHAPTER 0　**現在の日本列島**　001

0.1　日本列島を形づくる地球の営み　001
0.2　日本列島の海・山・気候　003
0.3　自然がもたらす恩恵と災厄　005

Part I　プレートテクトニクスと
付加体の形成　007

CHAPTER 1　**プレートテクトニクス**　008

1.1　地球の歴史を考えるうえでの時間の単位　008
1.2　地球は生きている　011
1.3　漂う大陸・広がる海洋底　013
1.4　プレートテクトニクスの誕生　019
1.5　プレートテクトニクスの概要　020
1.6　地震・火山の活動とプレート運動　030

CHAPTER 2　**日本列島をつくったプロセス**
──付加体の形成と浸食、そして背弧拡大　042

2.1　付加体の形成　042
2.2　変成された付加体　046
2.3　基盤と整然層　054
2.4　構造浸食──付加体や大陸地殻が削られる　055
2.5　背弧拡大──引きはがされる島弧　062

CHAPTER 3 **歴史の道しるべ──年代** 069

3.1 地質年代 069
3.2 数値年代 074
3.3 ジルコンを用いた年代学 085
3.4 変成付加体の堆積年代を見積もる 095

Part II **日本列島の形成史** 101

CHAPTER 4 **「日本列島形成史」の形成史** 102

4.1 地質学のはじまりと地向斜 102
4.2 日本における地向斜と造山運動の考え方 108
4.3 プレートテクトニクスの受容 110
4.4 黒潮古陸と親潮古陸──似ているようで違うもの 113

CHAPTER 5 **産声〜幼少期** 117

5.1 受動的大陸縁から活動的大陸縁へ 118
5.2 さまざまな「日本最古」 120

CHAPTER 6 **「大きな挫折」と成長期** 125

6.1 一大イベント──南北中国の衝突 125
6.2 大陸物質の供給と付加体の成長 135
6.3 三波川帯はいかにして上昇したのか？ 137

CHAPTER 7 **独立**
──日本海・フォッサマグナ・中央構造線の形成 140

7.1 引きはがされる島弧──陸が裂けて海ができる 141
7.2 日本海とフォッサマグナ──切っても切れない間柄 149
7.3 中央構造線がもつ「2つの顔」 152
7.4 「日本列島は大陸と陸続きだった」の意味 158

CHAPTER 8 **日本列島の変動とフィリピン海プレート** 163

8.1 数奇な生い立ち 163
8.2 フィリピン海プレートによる影響 167
8.3 プレート移動復元モデルの修正——日本列島に刻まれた証拠 174

CHAPTER 9 **フィリピン海プレートの方向転換とその影響** 180

9.1 方向転換の原因と余波——太平洋プレートもろとも…… 181
9.2 西南日本の変動——前弧スリバーの形成 184
9.3 別府－島原地溝帯——九州が南北に割れる？ 190

CHAPTER 10 **日本列島に残された謎** 194

10.1 黒瀬川帯の起源は？ 194
10.2 水平構造説（ナップ説） 198
10.3 白亜紀前弧堆積盆と「失われた和泉帯」 201
10.4 「15 Maが忙しい」のは偶然か？ 207

CHAPTER 11 **日本列島の基盤——各論** 209

11.1 西南日本の地質帯 212
11.2 東北日本の地質帯 218

余談
1 大正時代の日本海形成論 067
2 ジルコンの色 100
3 海洋上の火山島列——伊豆・小笠原とハワイの違い 178
4 第二瀬戸内累層群と日本酒 192

付録 地質年代表 224
参考文献 226
索引 230

CHAPTER 0 現在の日本列島

　日本列島は、ユーラシア大陸東縁に存在する、弧状をなす列島です。大陸の端にこのような形で存在している理由は、その生い立ちと深い関係があります。日本列島の誕生の歴史を追う前に、さまざまな作用の結果生じた現在の日本列島の姿を簡単に見てみることにしましょう。

0.1 日本列島を形づくる地球の営み

　地球の表面が複数の「プレート」と呼ばれる岩の板で覆われ、それらが動いている（プレートテクトニクス：第1章参照）ことが、戦後になって明らかになりました。日本列島の現在の形は、まさしくこれらプレートのせめぎ合いの合間で形づくられてきたのです。海のプレートが陸のプレートの下に沈み込むことによって、海でできた岩石と陸から供給された砂や泥が固まってできた岩石とが集まった地質体（付加体）が形成されます（第2章参照）。これが日本列島の土台となりました。また、プレートの沈み込みは火成活動も誘発するため、白亜紀以前の付加体は大部分が花崗岩に貫入されており、これらも「土台」に含めることもあります。本書では、この土台＝基盤をおもに扱います。

　基盤の上は部分的に、後の時代に堆積した地層（整然層：2.3節参照）が覆っており、それらの中には火山起源の砕屑物も多く含まれます。また、プレートの沈み込みは現在進行形でおこなわれているため、日本国内には110もの活火山が存在しています。それらからもたらされた最近の火山噴出物も、さらに

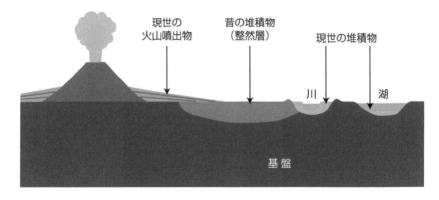

現世の
火山噴出物　　昔の堆積物
（整然層）　　　現世の堆積物

川　　　　湖

基盤

図 0.1 **日本列島で見られる地層**

過去の整然層や基盤の上を覆っているのです（**図 0.1**）。また現在でも、河川
や湖沼、日本周辺の海底などでは整然層が、沈み込み帯の一部では付加体がつ
くり続けられています。

　本書では、日本列島の誕生を「現在の日本列島がつくられはじめたとき（約
6 億年前）」としており、そのときの痕跡は非常に少ないながらも残っていま
す（第 5 章参照）。その後、大陸の縁で付加体が形成されていたのですが、2.5
億年前ごろの「大事件」のために、それらはいったん大きく失われてしまいま
した。しかしその挫折にもめげず、付加体は消長を繰り返しながら成長を続け
ましたが、それはあくまで大陸の縁での出来事でした（第 6 章参照）。

　日本が列島であるのは、大陸との間に日本海が存在しているからです。日本
海ができたのは、約 3000 万〜 1500 万年前の「背弧拡大」という地質活動（2.5
節参照）により、ユーラシア大陸東縁の付加体部分がちぎられたことが原因で
す（第 7 章参照）。その「ちぎられた部分」が日本列島となったわけですが、
その姿はまだ現在とは似つかないものでした。

　日本列島が現在の姿になったのは、伊豆−小笠原弧や千島弧の衝突、日本海
形成後の東西圧縮による東北日本や中部日本の隆起などを経た、地質学的には
ごく最近のことです。それらの活動には、どうやらフィリピン海プレートの存
在が大きく関わっていたらしいことがわかってきました（第 8 章・第 9 章参照）。
そして、日本列島は現在でも、人間の時間感覚からすると非常にゆっくりとで
すが、その姿を変えつつあります。

0.2 日本列島の海・山・気候

　海底を含めた日本周辺の地形図を見てみると、海の深い溝（海溝）に沿うように日本列島が存在することがわかります（**図 0.2**）。太平洋プレートの沈み込みに伴う海溝は、屈曲部を境にそれぞれ千島海溝、日本海溝、伊豆・小笠原海溝と名づけられています。水深は大部分で 7000 m 以上あり、最も深いところでは 9780 m に達します。伊豆・小笠原諸島の西側の海も「太平洋」ではありますが、プレートの名前はフィリピン海プレートです。このプレートは太平洋プレートにくらべると若いので、沈み込みの角度が浅く、そのため「海溝」

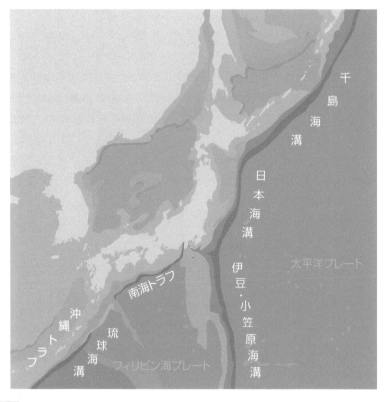

図 0.2　**日本列島付近の海底地形図**

の深さも 4000 m 前後とあまり深くありません。そこで、海底のくぼみを意味するトラフをつけて南海トラフと呼ばれます（プレートとその境界に関しては1.5 節参照）。宮崎沖の屈曲から南は琉球海溝と名づけられ、最深部は 7000 mを超える、そこそこ深い海溝です。南西諸島の北西側（東シナ海）には若干のくぼみが見られ、沖縄トラフと呼ばれます。南海トラフとは異なり、これは島弧が大陸から離れる背弧拡大によってできた背弧海盆です。このため、現状では、南西諸島は日本海を背負う西南日本とは別個の島弧（琉球弧）であるとされています。よって、日本列島は北から千島弧、東北日本、西南日本、伊豆－小笠原弧、そして琉球弧の 5 つの島弧の寄せ集めである、といわれます。

　現在の日本列島にある山は、地質学的には最近できたものばかりです。

　山の高さとしては、火山である富士山が最も高く 3776 m あります。しかし、火山で 2 番目（山全体では 14 番目）に高い御嶽山や 3 番目（同 19 番目）の乗鞍岳が 3000 m ちょっとしかないことを考えると、富士山の高さは、火山としては例外的といえます。一方、日本アルプスと呼ばれる部分には 3000 m 級の峰々が連なり、まさに「日本の屋根」と称するにふさわしいところです。これらは、日本列島自体が東西方向に圧縮されることによってできた「しわ」ともいえます（9.1 節参照）。6000 m 級のアルプスや 8000 m 級のヒマラヤに比べると見劣りするかもしれませんが、海溝からの高低差を考慮すれば「大山脈」と呼べるかと思います。

　日本列島は、自転軸が 23.4° 傾いた地球の中緯度地域にあるため、四季の変化がはっきりとしているのが特徴です。季節ごとの特徴をおさらいしましょう。夏季には、太平洋高気圧がもたらす湿った温暖な空気によって、日本独特の「蒸し暑さ」に見舞われます。冬季には、シベリア高気圧の冷たい乾いた空気が、日本海を渡ってくる間にたっぷりと水蒸気を含んで吹き寄せます。湿った風が吹くだけでは何も起こりませんが、その風が山にぶつかると、上昇気流により雲ができ、大量の雨や雪を降らせるのです。

　つまり、日本の気候には、太平洋と日本海、および列島中央部の脊梁山脈の存在が深くかかわっているということです。気候帯としては、一部を除いて温帯（温暖湿潤気候）に属すとされています。まぁ、夏に日本を訪れる外国人は「熱帯じゃないか！」と言うそうですが……。

　外国人旅行者の指摘を受けるまでもなく、「地球温暖化の影響で、最近暑くなった」とはよく言われることです。過去の記録と比較してみましょう。室町

～江戸時代（14世紀後期～19世紀末）は世界的に低温期でした。とくに、1780年代に相次いで起きたアイスランドでの大規模火山活動がさらなる寒冷化を招き、それが日本では天明の大飢饉、ヨーロッパではフランス革命の引き金になったとされます。その時代に比べると、温暖化しているのは間違いないでしょう。逆にいまより温暖な時期もあったようで、とくに約6000年前の「縄文海進期」と呼ばれる時期は最終氷期以降最大の温暖期であり、海水面上昇のために内陸深くまで海が入り込んでいました。関東地方の内陸に「貝塚」が存在するのはこのためです。この縄文海進期の東京付近は、現在の台湾程度の気温であったと考えられているので、これに比べると、まだ涼しいといえるかもしれません。

0.3 自然がもたらす恩恵と災厄

　日本列島の位置と地形・地質は、わたしたちにさまざまな恩恵を与えてくれます。日本の気候は基本的に温暖湿潤であり、太陽光と雨の影響をバランスよく受けているため、質のよい農産物が育ちます。周囲の海からは豊富で多様な海産物が得られます。地質に起因するものとしては、プレートの沈み込みがつくった火山地形の独特な景観や温泉などが代表格でしょう。また、急峻な地形と多大な降水により、清浄で潤沢な水資源を得ることができますが、それは浪費の比喩である「湯水のように使う」という言葉にも表れています。昨今は感染症の拡大により手洗いが推奨されていますが、それこそ「湯水のように」きれいな水を使える国は、じつは多くないのです。

　しかし一方で、同じ要素が災厄を運んでくることもあります（**図0.3**）。「禍福は糾える縄の如し」とは、よくいったものです。たとえば、赤道付近の太平洋にたまった過剰な熱は台風という形になり、年に何度となく日本へやってきては猛威をふるいます。また、プレート運動によって圧縮された部分にたまった膨大なエネルギーは、ときどき地震という形で放出されますし、プレート沈み込みに起因する火山活動も、ときおり火山噴火という形で多大な被害を引き起こしてきました（1.6節参照）。

　ある地域の特徴や風習などを総合して表す「風土」という言葉があります。

図 0.3 自然は恩恵も災厄ももたらす

この言葉は気候・気象を表す「風」と地形・地質を意味する「土」からなっていますが、自然現象だけではなく、そこに住む人間や、歴史的・文化的背景を含めて醸し出す雰囲気、といった意味が強い言葉でもあります。そう考えると、たびたび襲ってくる自然災害は、日本の風土形成に多大な影響を与えてきたのかもしれません。

プレート
テクトニクスと
付加体の形成

日本列島の屋台骨は「付加体」と呼ばれる地質体からなっている、と考えられています。付加体は、運動するプレートがほかのプレートの下に沈み込むことにより、沈み込むほうのプレート上の堆積物や地殻の構成物などが上盤側にくっつくことによって形成されます。つまり、付加体形成の考えの基礎となるのは、プレートの運動を説明する「プレートテクトニクス」という学説です。プレートテクトニクスは古くは大陸漂移説、およびその後の海洋底拡大説を科学的に具現化したものといえます。

　第Ⅰ部には、日本列島の形成史を理解するうえで必要と思われる知識を詰め込みました。具体的には、プレートテクトニクスの概要（第1章）、付加体の成長・縮減など日本列島をつくった作用（第2章）、そして地球の歴史を理解するうえで重要な年代学の基礎（第3章）です。とはいえ、それぞれの説明は表面的なものにとどまっているので、もし個々の知識に興味をもっていただけたときは、参考文献を調べてもらえれば幸いです。

CHAPTER

1 | プレート テクトニクス

本章では、現在広く受け入れられているプレートテクトニクスという学説の成り立ちと概要を紹介します。この学説は、地球表面が十数枚のプレートと呼ばれる岩の板で覆われていると考え、それらの相互作用（運動）があらゆる地質現象を引き起こす、とするものです。プレートの運動によって、年間数センチというスピードではありますが、大陸が動いたり、海洋が拡大したり（あるいは縮小したり）しています。日本列島は、プレート運動の狭間で形成された付加体によってできていると考えられているので、日本列島の形成過程を語るうえで、プレートテクトニクスの話は避けては通れません。

1.1 地球の歴史を考えるうえでの時間の単位

地球は約 46 億年前に誕生しました。その地球の歴史をわかりやすく表記するためには、「大きな時間の単位」が必要です。地球科学の研究者が用いるおもな時間の単位として、**Ma**（エムエーと読む）というものがあり、これを用いると簡潔な数で表記することができます（**図 1.1**a）。基本的に本書では年代の単位としてこの Ma を用います。

Ma はラテン語の "mega annum" の略で、もともと 1 Ma は 10^6 = 100 万年前という意味を含みます。よって、時間の長さを表現する場合に用いるのは厳密には不適切で、そのような場合は Myr（million years）= 10^6 年を用いるほうがより適しています。もっとも、最近ではあまり厳密に使い分けられず、す

(a) 地球の歴史を考えるうえで便利な単位「Ma」

46 億年＝ 4,600,000,000 年
= 4,600,000 ka（1 ka = 1,000 年＝千年）
= 4,600 Ma（1 Ma = 1,000,000 年＝百万年）
= 4.6 Ga（1 Ga = 1,000,000,000 年＝十億年）

1000 までの数字で表される
単位を使うと理解しやすいよ

(b) 2020 年を基準とすると

現在

約 100 年前　関東大震災（1923 年）
　　　　　　　鬼○隊が活躍（フィクション）

約 200 年前　伊能忠敬の地図完成（1821 年）
　　　　　　　（伊能は 1818 年死去。弟子がまとめた）

ワシが育てた！

約 500 年前　この時期は小競り合いばかりで
　　　　　　　大事件は少ないが……
　　　　　　　今川義元誕生（1519 年）

桶狭間で休憩じゃ

in 1560

月の満ち欠け
以外ならたいてい
意のままでおじゃる

約 1000 年前　藤原道長、摂政に（1016 年）

ゲージツは
バクハツだぁ〜！

1 万年前　　　（ようやく 0.01Ma）縄文時代

図 1.1　地球の歴史はとんでもなく長い

べて Ma 表記で済まされることが多いです。なお、第四紀など比較的新しい時代を扱う研究者は ka（kilo annum）= 10^3 年前 = 1000 年前、始生代や冥王代などの古い時代を扱う研究者は Ga（giga annum）= 10^9 年前 = 10 億年前といった単位も用います。

　筆者は博物館などという因果な商売をやっていますので、来館者に「地球の歴史の長さを実感してもらいたい」と、思ってしまうわけです。言葉でのたとえとしては、「1 年を 1 cm とすると、46 億年は地球 1 周と 1/8 ちょっと」や「地球誕生から現在までを 1 年とすると、人類（猿人）の誕生は 12 月 31 日午前 7 時」などがあります。いずれも、実感というよりは「ふ——（´_ヽ`）——ん」という感想になってしまうのが実際のところです……。そこで地質学的時間を実感してもらうにはと、いろいろ考えたのですが、筆者の得た結論は「ムリ」でした（図 1.1b）。

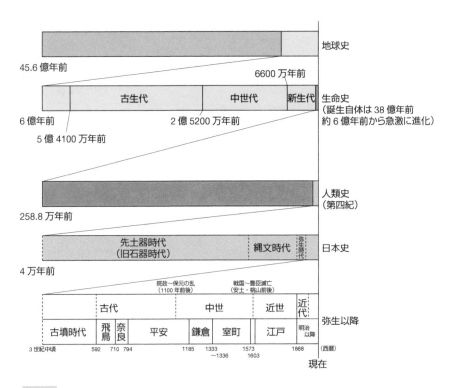

図 1.2 地球史、生命史、人類史、日本史の比較

そもそも、人間一人の寿命のみならず、人類史そのものが、地球の歴史から比べるとはるかに短い期間でしかありません（**図1.2**）。天文学の感覚も、同様、というよりさらに輪をかけて実感がむずかしく、"天文学的数字"という言葉があるくらい、距離および時間の感覚は常人にはもちえないものです。まぁ、予備知識がない段階で「われわれの天の川銀河の隣のアンドロメダ銀河まで行くには、光の速さで200万年かかる」と言われても、悪い冗談にしか聞こえませんよね。しかし、実感は無理でも理解は可能です。その前提で、これからのお話を進めていこうと思います。

1.2 地球は生きている

　火星には太陽系最大の火山であるオリンポス山（**図1.3a**）があります。この火山は現在では完全に活動を停止しています。火星は地球よりもずっと小さいために（図1.3b）、放熱を終えて冷え切ってしまったからです。今後、火星で火山が噴火することは二度とないと言われています。一方、現在の地球で活発に火山が活動しているのはご存じのとおりで、火山国である日本に住むわれわれはその様さまをしばしば目にします。そういった意味で、火星などの惑星を「死んだ惑星」、地球を「生きている惑星」と比喩することがあります。

　地球は、半径約6400 kmの岩石質の惑星です。その内部構造は、組成の違いにより表面から**地殻・マントル・核**の3層に分類されます。地殻は大陸地殻と海洋地殻に分けられ、前者は厚さ約30 kmの花崗岩質であるのに対して、後者は厚さ5 kmの玄武岩質です。地球を半径5 cmのリンゴ大に縮小すると、地殻の厚さは0.05〜0.3 mmにすぎず、リンゴの皮程度です。日本列島にいたっては、リンゴの皮にできた小さな傷のようなものと言えます。筆者を含む地質学者は、その薄皮程度の部分について理解するために四苦八苦しているわけです。地殻の下には、かんらん岩質のマントルがあり、さらに下、地球の中心部には鉄・ニッケル合金でできた核があります。

　私たちが立つ「薄皮一枚」の上の大地は、一見すると無機的で冷たいうえに、見た目にはまったく動かないので、「生きている」という表現からはほど遠いと思われるかもしれません。しかし、地球は中心部が約6000℃に達するとい

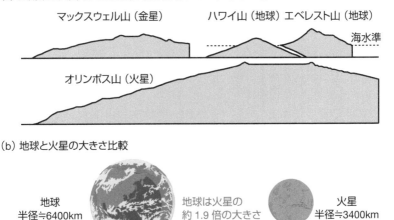

(a) 太陽系の火山の大きさ比較（松井ほか, 1996 にもとづく）

マックスウェル山（金星）　ハワイ山（地球）エベレスト山（地球）

海水準

オリンポス山（火星）

(b) 地球と火星の大きさ比較

地球
半径≒6400km

地球は火星の
約 1.9 倍の大きさ

火星
半径≒3400km

表面積=$4\pi r^2$……半径の 2 乗に比例
体　積=$4\pi r^3/3$……半径の 3 乗に比例

半径が大きいほうが
単位体積あたりの表面積が小さい。
つまり、体積が大きいほど冷めにくい。

たとえば……

大きな風呂の
お湯は
冷めにくい

小さなコップの
お湯は
冷めやすい

図1.3 地球とほかの地球型惑星との比較

われており、じつは熱い惑星です。その熱は、地球の材料となった小惑星や隕石などの物質がひとつにまとまったときの衝突エネルギー、核をつくる金属が岩石から分離して中心部に落ち込むときに解放された位置エネルギー、岩石中に含まれる放射性核種（3.2 節参照）が崩壊時に放出した熱などです。つまり、ほとんどは地球形成時から地球内部に蓄積されてきたものです。そして現在の地球は、少しずつではありますが、蓄積された熱を表面から放出しています。その過程で、中心部（核）近くの熱をもったマントルが湧き上がることで地球内部の熱を表層に運び、冷え固まって重くなった上層のマントルは再び地球内部に沈んでいきます。つまり、マントルは対流しているのです。

そして、この大きな意味での**マントル対流**が、地表のプレートを動かしていると考えられています。このように考えると、この章で解説するプレートテクトニクスは、地球の冷却の過程を表しているとも言えます。

ところで日本では、「自然＝野生の動植物」と考える向きがあるように感じます。象徴的なエピソードを紹介しましょう。2000年に三宅島雄山で大きな噴火が起き、火山ガスや溶岩流によって森が枯れたり焼かれたりと、周囲の環境が大きく変化しましたが、その後に生物相、とくに植物は数年のうちに急速に回復したそうです。その様を某公共テレビ局が「よみがえる三宅島の自然」と題した番組で放送していたことからも、生き物以外を自然と見なさない意識が垣間見えます。火山活動自体が大規模な自然の営みでは？　その影響で乱された生態系ですら自然の一部なのでは？　と筆者は思うのですが、いかがでしょうか？　かく言う筆者は、そんな生物至上主義の人に対し、「われわれは地球というパンがどのようにできたかを模索しているが、生物はそのパンの表面にたまたま生えたカビにすぎない」という、こじらせた意見をぶつけてドン引きされた経験があります。

1.3 漂う大陸・広がる海洋底

大陸漂移説の提唱と復権

「地球の表面が動いている」ことを初めに思いついたのはヴェーゲナー（A. Wegener; 1880～1930）で、1912年に**大陸漂移説**（大陸移動説）を提唱しました。なお巷では「大陸移動説」と言ったほうが通りはよいですが、英語表記の "theory of continental drift" の "drift" の部分を強調して、本書では「大陸漂移説」を選んでいます。この説は、「大西洋の両岸（アフリカ大陸西岸と南アメリカ大陸東岸）の海岸線の形が一致することを根拠とした、直観的な思いつき」のみにもとづいていたかのように思われがちです。しかし実際には、両大陸が接合していたことを示唆する古生代後期の動植物化石や気候（氷河の痕跡）の共通性（**図1.4**）などにも言及した、総合的なものでした。

しかし、大陸を動かす原動力に関しては、地球の自転による離心力（遠心力）を想定したものの、説明するのは苦しかったようです。ホームズ（A. Holmes;

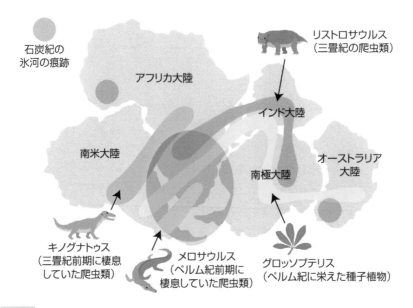

石炭紀の
氷河の痕跡

アフリカ大陸

リストロサウルス
（三畳紀の爬虫類）

インド大陸

南米大陸

オーストラリア
大陸

南極大陸

キノグナトゥス
（三畳紀前期に棲息
していた爬虫類）

メロサウルス
（ペルム紀前期に
棲息していた爬虫類）

グロッソプテリス
（ペルム紀に栄えた種子植物）

図1.4 アフリカ・南米大陸間の氷河の痕跡・化石の分布の連続性（USGSの図をもとに作成）

1890〜1965）はマントルの対流を持ち出して大陸漂移説を擁護しましたが、「大陸が動いている」という考えは当時としては荒唐無稽すぎたために、中心的な説とはなりませんでした。また当時は、大陸のわずかな動き（現代の知識では最大で年間10 cm程度）を確かめる手段もありませんでした。

　ところが1950年代末から1960年代にかけて、古地磁気（**図1.5**）の研究により、大陸が移動した可能性が再び浮上しました。ヨーロッパと北アメリカとで、時代の異なる岩石の古地磁気を調べ、それぞれで磁北極[※1]の移動経路を復元すると、相似形ながらも一致せず、片方を約35°回転させるともう片方にピタリと一致することがわかったのです（**図1.6**）。この結果を説明するには、大陸が動いていると考えるほかなく、大陸漂移の考えは突如、表舞台に舞い戻りました。もしヴェーゲナーが存命だったら（1930年に調査中に死去、享年50）、どんな感想をもったでしょうか？

　なお、「ヴェーゲナーの死後、大陸漂移説は忘れ去られた」という言説が巷

※1　磁北極：磁石としての地球の北側の極。自転軸の北極とは完全には一致しない

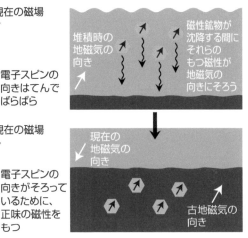

(a) 火成岩の場合

噴出したばかりの熱い岩石

磁性鉱物

現在の磁場

電子スピンの
向きはてんで
ばらばら

冷却

冷え固まった岩石

現在の磁場

電子スピンの
向きがそろって
いるために、
正味の磁性を
もつ

(b) 堆積岩の場合

堆積時の
地磁気の
向き

磁性鉱物が
沈降する間に
それらの
もつ磁性が
地磁気の
向きにそろう

現在の
地磁気の
向き

古地磁気の
向き

図1.5　古地磁気はどのように残るのか

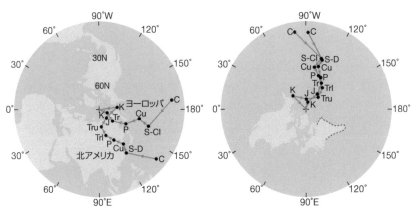

(a) バラバラな2つの経路が……

90°W
60°　　120°
30°　　150°
30N
60N
K　ヨーロッパ
Tr　Cu　C
0°　　K　J　P　S-Cl　-180°
Tru　Trl
P
Cu　S-D
北アメリカ　　C
30°
60°　　120°
90°E

(b) 35°回してみたら……あらビックリ！

90°W
60°　　120°
C　C
S-Cl　S-D
30°　　Cu　Cu　150°
P　P
Tr
K　J　Trl
0°　　K　Tru　-180°
30°　　150°
60°　　120°
90°E

図1.6　ヨーロッパと北アメリカでの磁北極移動比較（上田ほか，1992にもとづく）

で広く流布していますが、実際は、数ある造山仮説のうちのひとつとして認識されていたようです。日本の学者も、上記の大陸漂移説復権以前の 1951 年に以下のように言及していることから、「完全に忘れ去られた」わけではなかったことがわかります。

"北半球に於ける 3 大陸核塊中で、ローレンシアが中期古生代に先ずロシアと融合した。その後古生代後期、次いで中生代に西方の剛塊と相ついで結合した。"

"それなら真の原因は何であろうか。地球の収縮であろうか。または剛塊と地向斜間の地殻平衡であろうか。はたまた地球の回転運動による大陸移動であろうか。ここでは内因的営力についてこれ以上深く議論しようとは思わないが、しかし山化の進行方向が赤道に向いている点からは、地球の回転は最も重要な要因の一つではないかと考えられる。"

小林 (1951) より抜粋（漢字は現代の字体を使用）

海洋底拡大説

大陸上の証拠をもとに大陸漂移説が再注目される一方で、第二次大戦後には海洋調査が広くおこなわれるようになり、海洋底の様子も少しずつわかってきました。それまでにも、大西洋をまたいで海底通信ケーブルが敷設された 1890 年代には、大西洋の中央に海底地形の高まりがすでに発見されており、**中央海嶺**と名づけられていました。

戦後の海洋調査は、おもに軍事目的でおこなわれました。当時は冷戦がはじまった時期で、東西両陣営が核ミサイルや大型爆撃機を陸上基地に多数配備しましたが、それらの基地は移動できないうえ、場所も敵に知られています。そこで、浮上する必要がないために隠密性が高く、そのうえ移動も可能な原子力潜水艦に多数の弾道核ミサイルを積んで運用する方法が考案されました。この弾道ミサイル原潜は、自陣営の基地などが破壊された際にも機能する、究極の反撃兵器と考えられています。よって、軍による海洋調査は、自国の潜水艦の安全航行のための海底地形や海流の調査、および鉄の塊である敵の潜水艦が引き起こす磁気異常を探知するための、バックグラウンドとしての海洋磁気調査を中心におこなわれました。これらの調査が地球の営みを解明するための大きな一歩になろうとは、当時は誰も想像していなかったことでしょう。軍事に関

係する研究は禁止などという国では、こんな大発見はなしえないのです。なお現在でも、わが国の海域に某国の「海洋調査船」が入り込んだ、というニュースをときどき耳にしますが、彼らも上記のようなデータを収集しているものと思われます。

　一連の調査により、海底の堆積物は地球の年齢から予測されるよりも明らかに少ない（薄い）こと、海洋底が玄武岩で構成されていることに加え、中央海嶺が地球を取り巻くように存在し、海底大山脈をなしていることが見いだされました（**図1.7**）。中央海嶺の頂部に見られる顕著な裂谷では、高い地殻熱流量（地下から地表に向かう熱の量）が観測され、これは、高温のマントルが近いことを示していると考えられました。

　さらに、1960年代初めには「中央海嶺を挟んで対称をなす縞状の磁気異常」が発見されています（**図1.8**）。地磁気の極性が地球史上何度も反転していたことは、大陸上の火成岩や堆積岩に対する古地磁気と年代の研究により、すでにわかっていました。そこで、この「縞模様」は、中央海嶺で生産される海洋底が地磁気の極性の反転を記録したものと解釈されたのです。この解釈は提唱者の名前にちなんでバイン＝マシューズ理論と呼ばれ、これにもとづくモデルはテープレコーダーモデルと呼ばれます。

　これらの証拠をもとに、「新しい海洋底が中央海嶺でつくられるために、海

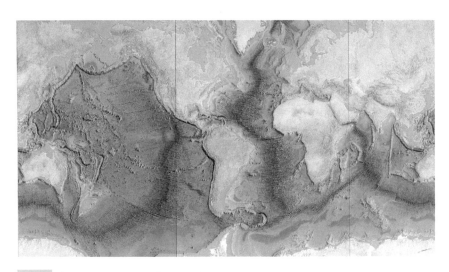

図1.7　中央海嶺は地球を取り巻く大山脈だった！

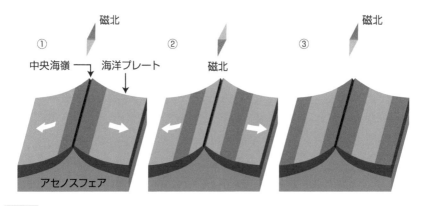

図 1.8 「中央海嶺に対称な縞状の磁気異常」のでき方

洋底が拡大している」という仮説が導き出されました。それが**海洋底拡大説**です。ディーツ（R. S. Dietz; 1914 ～ 1995）が 1961 年に、ヘス（H. H. Hess; 1906 ～ 1969） が 1962 年に独立に発表しましたが、着想はヘスのほうが早かったとされます。提唱以降もいくつかの修正が加えられた末の海洋底拡大説の骨子は、以下のようにまとめられます。

・ 海洋底は大陸よりもはるかに新しく、中央海嶺で新たに形成される。
・ 中央海嶺は地球内部の熱が湧き上がる場所である。
・ 下から湧き上がる軽いマグマに押されるため、中央海嶺は隆起して山となる。
・ 新たにできた海洋底は両側に離れるので、頂部に裂け目ができ、新たなマグマの通り道となる。
・ 地球の表面積は一定なので、中央海嶺で新たに形成された分、海洋底は海溝から地球内部に沈み込む。
・ 沈み込む海洋底が引っ張る力により海溝ができる。
・ 沈み込む海洋底は冷却されているために温度が低く、そのため海溝部分の地殻熱流量は小さい。
・ 海洋底上の堆積物も、海洋底とともに地球内部に沈み込むので、古い堆積物は残らない。

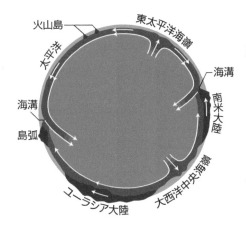

「海洋底拡大説」の段階では、

マントル対流の上昇流
　　→　中央海嶺
マントル対流の下降流
　　→　海溝
プレート運動
　　→　マントル対流の動きに従い、
　　　　受動的に動く

と考えられていた。

図1.9　海洋底拡大説の概念図

　これらは、当時の地球表層の観測データを説明できる画期的な考えでした。なお、この段階では、海洋底はマントルが冷え固まったものであり、海嶺がマントル対流の湧き出し口であると考えられていました（**図1.9**）。

1.4　プレートテクトニクスの誕生

　海洋底は中央海嶺で生産され、海溝で沈み込んでいる。そして、大陸は動いている。これらの事実を体系的にまとめあげようと、多くの地球物理学者が挑みました。その中で、アイデアの種をまいたのはウィルソン（J. T. Wilson; 1908 〜 1993）でした。

　彼は海洋底拡大説を改良し、海洋底の地殻（玄武岩）は（マントルがそのまま固まったものではなく）マントルから分化した岩石からなるとしました。また、トランスフォーム断層（1.5 節参照）やホットスポット（1.6 節参照）の概念を考案しました。そして、ウィルソンサイクル（1.5 節参照）と呼ばれる、「2 つの海洋が拡大縮小を繰り返す」という説も提唱しました。さらには、「地球表面は十数枚の硬い板（プレート）で覆われており、それらが変形すること

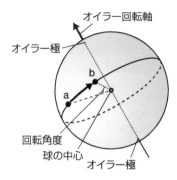

球面上の点 a から点 b への運動は
球の中心に対する「回転運動」である（オイラー回転）。
つまり、
・球の中心を通る回転軸（オイラー回転軸）の向き
・軸まわりの回転角度
のたった 2 つの要素で記述できる。
また、オイラー回転軸と球面の交点をオイラー極と呼ぶ。

図1.10 球面上の運動を記述するオイラーの定理

なく移動する。地球上の変動は、これらプレートどうし、あるいはプレートと
その下のアセノスフェア（1.5 節参照）との相互作用によって引き起こされる」
という、プレートテクトニクスの核となる考えも彼の発案によります。

　そしてモーガン（W. J. Morgan; 1935 ～）は、プレートの運動を証明する方
法として、プレートの動きを**オイラーの定理**（**図1.10**）にもとづいて記述し、
定量化することを提案しました。その後、ル・ピション（X. Le Pichon; 1937 ～）
はモーガンの考えを実行し、地球上のプレートの運動がオイラーの定理にもと
づいて記述できることを示しました。同時期にマッケンジー（D. McKenzie;
1942 ～）も同じ結論に達しています。

　このように、ウィルソンに続いたモーガン、ル・ピション、マッケンジーの
「三巨頭」によって、プレートテクトニクスの基礎が固められました。その後、
山脈や火山の形成、地震の発生などに関する理論がプレートテクトニクスをも
とに組み立てられていったのです。

1.5 プレートテクトニクスの概要

まず「プレート」とは

　プレートテクトニクスのくわしい解説をする前に、「プレートとは何か」を
説明しなければなりません。プレートとはひと言でいうと、地球表層を覆う硬

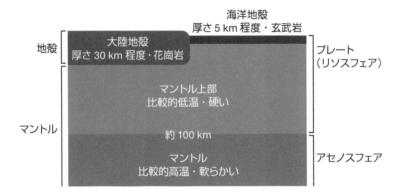

図 1.11 プレートとは地球表面の硬い部分である

い岩の板のことで、厚さはだいたい 70 〜 150 km くらいです（**図 1.11**）。よ
うするに、**プレートとは地殻＋マントル上部の（冷え固まった）硬い部分**のこ
とです。海洋底拡大説では**リソスフェア**と呼ばれていましたが、これは現在で
もプレートと同義語として扱われます。

　その下には比較的流動性の高い**アセノスフェア**があります。アセノスフェア
は、主要鉱物の密度によりさらに細かく分けることもできます。深くなるに従
い高まる圧力により、アセノスフェアを構成する鉱物がより高密度の鉱物に相
転移（結晶の構造が変わること）するため、特定の深さで密度が断続的に変化
するのです。さらに下には液体になった外核、中心は再び固体の内核が存在し
ています。これらの分類は、物理的性質（硬さ）によるもので、地殻・マント
ル・核という組成による分類とは一対一では対応していません。

プレートの境界

　1.3 節の「海洋底拡大説」の項で説明したとおり、新しい海洋底＝新しいプレー
トは中央海嶺で生産されます。新たなプレートが生産される中央海嶺のことを
プレートの**発散境界**と呼びます（**図 1.12**a）。

　一方、プレートが沈み込んでいく部分（沈み込み帯）を**収束境界**と呼びます
（図 1.12b）。相対的に重いプレートと軽いプレートがぶつかると、重いほうが
下に沈み込み、海洋プレートが沈み込む場合は**海溝**になります。沈み込む相手

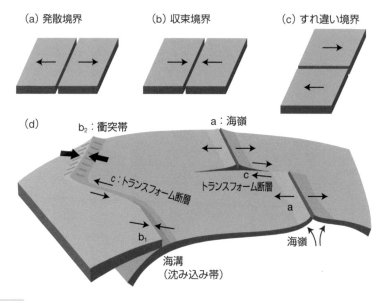

(a) 発散境界　　　(b) 収束境界　　　(c) すれ違い境界

(d)

b₂：衝突帯

a：海嶺

c：トランスフォーム断層

トランスフォーム断層

a

b₁

海溝
（沈み込み帯）

海嶺

図 1.12 プレートの境界とその種類

（上盤側）は、軽い大陸プレートか、相対的に軽い「若い」海洋プレートです。海洋プレートは、古いほうがより冷え固まって厚く重くなるためです。大陸プレートどうしがぶつかる収束境界ではどちらかが沈み込み、境界部は隆起し山脈が形成されます。これも収束境界の一種ではありますが、特別に**衝突帯**と呼ばれます。

また、プレートどうしがすれ違う境界はそのまま**すれ違い境界**と呼ばれ（図1.12c）、**トランスフォーム断層**として現れています。海底地形図（たとえば図1.7）を見ると、中央海嶺はいくつもの横切る断層によって切れ切れになっていることがわかりますが、これらの断層一つひとつもトランスフォーム断層の一種です。

なお、現在の地球上には十数枚のプレートが存在しています（**図1.13**）。ただし、研究者によって若干の枚数の違いがあります。

ちなみに、海嶺や海溝といった用語はもともと海底地形を示すもので、海嶺は海中の山脈、海溝は最深部が 8000 m 以上の海底の窪みを表します。よって、プレート発散境界ではない「海嶺」も存在し（例：九州－パラオ海嶺）、プレー

図1.13 現在の地球上のプレート（USGS のホームページ〈https://pubs.usgs.gov/gip/dynamic/slabs.html〉より）

ト発散境界の海嶺はとくに中央海嶺と呼ばれます。海溝はすべて収束境界です。浅いために海溝ではなく「トラフ（舟状海盆）」と呼ばれる収束境界も存在しますが（例：南海トラフ）、この章ではそれらも含めて海溝と呼んでいます。

プレートを動かす力

　しばしば「プレートは対流するマントルの上に乗ってベルトコンベアのように移動する」という説明を見かけますが、これは海洋底拡大説の提唱初期のもので、現在の知識としては誤りです。現在では、**プレートの駆動力は通常約95％を占めるスラブ引張り力と、約5％を占める海嶺の押し力**で、ほぼ説明できるとされています。

　スラブ引張り力とは、プレートの沈み込んだ部分（これを**スラブ**と呼ぶ）が地球深部に落ち込む際にプレート全体を引っ張る力です。海洋プレートの動きは、ずり落ちるテーブルクロスによく例えられます。一方、**海嶺の押し力**は、実際に中央海嶺において押す力が働いているわけではありません。中央海嶺か

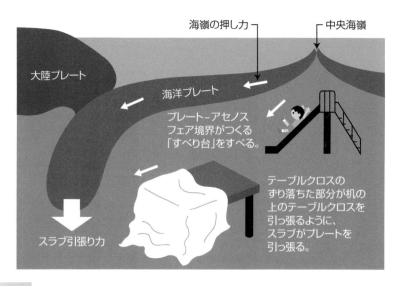

海嶺の押し力　　　　中央海嶺

大陸プレート

海洋プレート

プレート–アセノス
フェア境界がつくる
「すべり台」をすべる。

テーブルクロスの
ずり落ちた部分が机の
上のテーブルクロスを
引っ張るように、
スラブがプレートを
引っ張る。

スラブ引張り力

図1.14 「**スラブ引張り力**」と「**海嶺の押し力**」

ら離れるに従って冷え固まって厚くなるプレートが、アセノスフェア上の「坂道を滑り落ちる」ことにより生じる、中央海嶺から離れようとする力のことです。つまりプレートは自らの重みでずり落ちており、中央海嶺自身はただ受動的に引き裂かれている、と考えられています（**図1.14**）。

　実際、地震波を用いた地球内部構造の観測（地震波トモグラフィーと呼ぶ）により、太平洋とアフリカ大陸あたりにアセノスフェア中の地震波（S波）速度が遅い（すなわち軟らかい＝温度が高い）部分があることがわかっています。大局的には、ここにマントル（アセノスフェア）対流の上昇流があると考えられています（**図1.15**）。図1.15を図1.13と見比べると、アセノスフェアの低温部はプレート収束境界におおむね一致するものの、高温部はプレート発散境界とは一致していません。これは、プレート発散境界が能動的に割れているのではなく、受動的に引き裂かれていることを示しています。一方で、プレートを構成する物質のほとんどはマントルなので、冷え固まったプレートが深部に落ち込む（沈み込む）現象は「マントル対流」の一部をなしていると言えます。

　上記のおもだった駆動力以外にも、マントル曳力（アセノスフェアの対流がプレート運動におよぼす力）、プレート間で相互に働く摩擦力、スラブが沈み

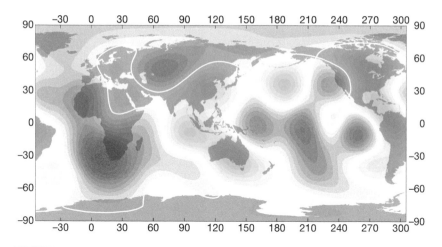

図 1.15 マントル（アセノスフェア）対流の上昇流と下降流。赤：アセノスフェア中の地震波速度が遅い（＝軟らかい＝温度が高い）ところ→上昇流があるところ。青：アセノスフェア中の地震波速度が速い（＝硬い＝温度が低い）ところ→下降流があるところ。（鳥海ほか，1996 にもとづく）

込む際の抵抗力などがプレートに働いていると考えられます。これらの影響は普段は小さいですが、マントル曳力に関しては、大規模なプリュームにより影響力が極端に増すこともあります（1.6 節および図 1.28 参照）。

なお、地球物理学の視点からのプレートテクトニクスに関しては、本書と同シリーズの既刊『絵でわかるプレートテクトニクス』にくわしく解説されています。

大陸の離合集散——ウィルソンサイクル

大陸は各々でそのときどきのプレート運動に乗って地球上を漂流していますが、そのうち互いにぶつかり合い、結果としてひとつの巨大な大陸「**超大陸**」を形成します。この超大陸は再び同じ断片に分裂し、漂流した大陸断片はいずれまたべつの超大陸をつくる。そのような大陸の離合集散は数億年の周期で起こる……という考えを、プレートテクトニクス確立の立役者の一人であるウィルソンが提唱しました。この考えを**ウィルソンサイクル**と呼びます。現在では、「必ずしも同じ断片に分裂するわけではない」ことがわかっているため、当初

ウィルソンが提唱した説そのままというわけではありません。しかし、「地球上に数億年ごとに超大陸が形成される」ことを指す用語として"ウィルソンサイクル"は残されています。

超大陸というと、約300〜150 Ma（3億〜1.5億年前）に存在したパンゲア超大陸が有名ですが、700〜500 Maにもゴンドワナ超大陸が、1000〜900 Maにはロディニア超大陸が存在していました（**図1.16**）。それ以前の約1400 Ma、1900 Ma、2500 Maなどにも超大陸が存在していたと考えられています。ただし、ロディニアより前の超大陸に関しては、広く賛同が得られる復元モデルはまだなく、名称も定まっていません。

なお、「ゴンドワナ」という名称には少々注意が必要です。昔存在した超大

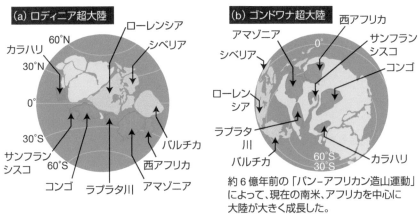

約6億年前の「パン-アフリカン造山運動」によって、現在の南米、アフリカを中心に大陸が大きく成長した。

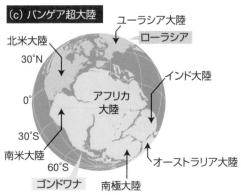

図1.16 ロディニア・ゴンドワナ・パンゲア超大陸

陸を「ゴンドワナ超大陸（700 ～ 550 Ma）」、そこから分離した大きな大陸を「ゴンドワナ大陸（600 ～ 300 Ma）」、パンゲア超大陸南部（元ゴンドワナ大陸）を「ゴンドワナ」と、本書ではいちおう区別しています。その後、ゴンドワナはパンゲアの分裂時にアフリカ・南アメリカ・南極・オーストラリア・インドの各大陸に分裂しました。

大陸の分裂と沈み込みのはじまり

　超大陸中に発散境界が発生すると、分裂した大陸が離れるに従い、そのすき間では海洋プレートが順次生産されていきます。その際、大陸縁（大陸の縁：大陸性プレートと海洋性プレートとの境界）は新たに生まれた海洋性プレートと固着しており、ひとつのプレートとしてふるまいます。この状態の大陸縁を**受動的大陸縁**、またはその典型を引用して**大西洋型大陸縁**と呼びます（**図1.17a**）。一方で、海洋プレートが沈み込む大陸縁を**活動的大陸縁**、または**太平洋型大陸縁**と呼びます（図 1.17b）。ちなみに収束境界の絵を描く際、日本人研究者はたいてい東北地方あたりの東西断面を南から見るイメージで陸を左、海を右に配置します。一方、アメリカ人研究者は南北アメリカ大陸西海岸をイメージするので、陸を右、海を左に描く傾向があります。

　発散境界を中心に大陸が離れていく段階では、大陸と海洋との境目は受動的大陸縁です。いずれ大陸は、活動的大陸縁（収束境界）が集中する別のところで再びひとつに合体します。

　そして、ウィルソンサイクルに従うと再び分裂するのですが、分裂して新たに海洋プレートをつくろうとすると、地球の表面積は一定なので、収束境界が必要になります。つまり、**受動的大陸縁が活動的大陸縁に転換しなければ、大陸の離合集散の繰り返しは起こりえません**。しかし、これまで人類はその現場を目撃したことがないので、その過程はまったくの謎として残されており、これはプレートテクトニクスの最大の弱点とされています。

　ところが 2013 年に、ヨーロッパのイベリア半島沖で沈み込みが開始しているかもしれない、との報告がありました。これこそが、人類が初めて目撃する大陸縁の転換なのかもしれません。これを契機に、プレートテクトニクス最大の懸案は解明に向かう可能性があります。

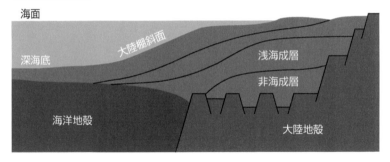

（a）受動的大陸縁

海面

深海底

大陸棚斜面

浅海成層

非海成層

海洋地殻

大陸地殻

（b）活動的大陸縁

海面

大陸棚 前弧盆

付加体

海溝斜面
堆積盆

海洋充填
堆積物

海溝

半遠洋性
堆積物

海洋地殻

デコルマ面

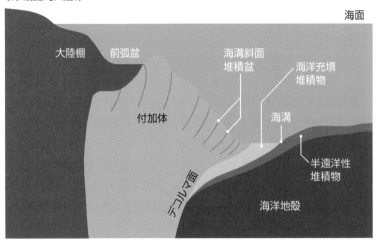

図 1.17 　受動的大陸縁（a）と活動的大陸縁（b）

大陸衝突と「世界同時造山」

　大陸の離合集散が広範囲の造山運動を引き起こすことが、現在ではわかっています。しかし、プレートテクトニクスが提唱される以前にも、広範囲におよぶ造山運動の存在は認識されていました。

　20 世紀初め、造山輪廻（4.1 節参照）を提唱したドイツのシュティレ（H. Stille; 1876 〜 1966）は、「世界同時造山」という説も唱えました（**図 1.18**）。彼は、造山運動は世界で同時に起こり、古生代初期（600 〜 500 Ma）のカレ

図1.18 世界同時造山

ドニア造山運動、古生代中期（400 〜 300 Ma）のバリスカン造山運動、中生代中期から新生代中期（90 〜 30 Ma）のアルプス造山運動、の3回の造山運動があったとしました。

　とはいえ、**造山輪廻と現在のプレートテクトニクスとではその考え方が異なり、それぞれの造山運動の時期は微妙にずれるので、その点では注意が必要です。**たとえば、**約3000万年前にはじまり現在も続くとされる「アルプス（・ヒマラヤ）造山運動」は、インドやアフリカ大陸（インドプレートおよびアフリカプレート）がアジアやヨーロッパ（ユーラシアプレート）に衝突**したことにより、その間に存在していた海（テチス海）にたまった堆積物を圧縮して持ち上げた結果だと、現在では説明されます。30 Ma にこの造山運動は終わったとする昔の考えとは、ずいぶん異なるのです。これと同じように、**バリスカン造山運動はパンゲア超大陸の形成に、カレドニア造山運動は過去に存在したローレンシア大陸とバルチカ大陸との衝突**に原因を求めることができます。つまり、世界同時造山と考えられていたものの原因は、すべて大陸地塊どうしの衝突およびその間に存在した海の堆積物の隆起で説明できるのです。

　ならば、それらの造山運動より前の**ゴンドワナやロディニア、あるいはそれ以前の超大陸形成時などに付随した造山運動**もあったはずなのに、その痕跡がないのはおかしい……と思われる方もおられるでしょう。じつは、それらの時期にも

造山運動と呼ぶにふさわしい活動は当然ありました。不幸にも（？）**ヨーロッパ
にその痕跡がないだけなのです**。世界同時造山の考えは、ヨーロッパの地質をも
とに提案されたものなので、ヨーロッパで観察できない要素は採り入れられませ
んでした。全地球的に見ると、そういった「歯抜け」もあるために、現在専門家
の間では、「○○造山運動」という表現はあまり用いられなくなりました。

　とはいえ、当時の限られた情報の中から、造山運動が間欠的に広範囲で起こ
ることを見いだした、シュティレおよび当時の地質学者たちの慧眼には敬服す
るしかありません。

1.6 地震・火山の活動とプレート運動

地震の原因は？

　日本で「地震学」が学問として成立したのは、明治中ごろのことです。といっ
ても、当時は地震の記録法や、伝わり方を物理学的に研究するにとどまってい
ました。地震の原因は理解されておらず、陥没や隆起、あるいはマグマなどが
上昇する際に周囲の岩石に与える変形などによって起こるものと、漠然と考え
られていたようです。また、地震後にときおり現れる断層は、それら変形の結
果としてできるものと思われていました。そして、「震源」は点であると考え
られていました。

　その後数々の地震の記録を解析することにより、「断層のずれこそが地震の
原因である」と確定的に理解されたのは 1950 年代のことです。その後、プレー
トテクトニクス理論の浸透とともに、地震の発生がプレートの運動と密接に関
係している、という理解も広まっていきました。「点」と考えられていた震源も、
現在では断層がずれ動く「面」として理解されています。ちなみに現在でもテ
レビなどの地震情報では震源は点（バツ印など）で表記されますが、これは「面
の中の破壊がはじまった一点」を表しています。

プレート収束境界の地震

　地球上の震源の分布は均一ではなく、プレート境界に集中しています。有感・

無感を合わせた、一定期間中に地球上で観測された地震を世界地図に投影すると、プレート境界が浮かび上がります（**図 1.19**）。とくに地震が多いのは収束境界（沈み込み帯・海溝）です。その中でも太平洋を取り巻く地域に多発しており、ここを「環太平洋地震帯」などと呼びます。

　なお、日本の領土および排他的経済水域内で起こる有感・無感を合わせた地震の総数は、世界で起こる地震の約 10% にもおよびます。これは、日本列島の周囲で 4 枚ものプレートがせめぎ合っているためです（**図 1.20**）。日本で地震学が発達したのは、防災上必要だったということは当然ありますが、研究対象のサンプル（地震）が世界で最も得やすい場所だったということも大きな理由です。

　プレート収束境界で地震が発生するプロセスを紹介しましょう。プレートが沈み込むとき、上盤のプレートとこすれ合いますが、なんらかの原因（沈み込むプレートの表面の海山などの凹凸）で上下のプレートの間が固着することがあります。この固着した部分をアスペリティと呼びます。アスペリティが生じると、プレートが沈み込む分だけ歪がたまります。そして、歪が限界まで達してアスペリティが破壊されると、逆断層型の地震が起こります。それがいわゆ

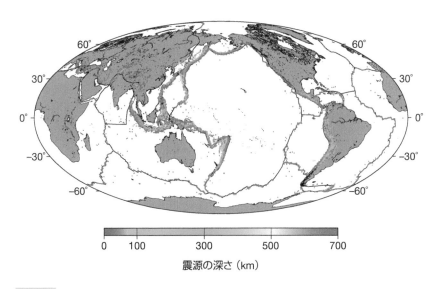

震源の深さ（km）

図 1.19　地震とプレート境界

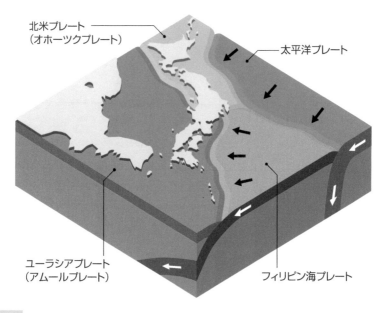

北米プレート
（オホーツクプレート）

太平洋プレート

ユーラシアプレート
（アムールプレート）

フィリピン海プレート

図1.20 日本周辺のプレート

る**プレート境界型地震**（**図 1.21** の①）です。このタイプの地震はため込む歪が巨大になる場合があるので、たびたび巨大地震を引き起こします。

　プレート収束境界では、ほかにもさまざまなタイプの地震が起こります。沈み込む海側のプレートに押され、陸側のプレートに圧縮する力が加わることにより、逆断層型あるいは横ずれ断層型の地震が発生します。これが**内陸性地震**と呼ばれるものです（図 1.21 の②）。一般に「直下型地震」と呼ばれるのはこのタイプです。沈み込んでしまったプレートの塊（前述のスラブ）が自らの重さで海側のプレートを引っ張ることにより、海溝より海側で正断層型の地震が起こります。これが**アウターライズ地震**と呼ばれるものです（図 1.21 の③）。沈み込んだプレートは、自重で曲がりながらアセノスフェアに沈んでいきますが、その曲がりによりプレート上面が引っ張られ、正断層型の地震が発生します。これは**スラブ内地震**と呼ばれます（図 1.21 の④⑤）。

　深いところで起きたスラブ内地震は、「**異常震度分布**」と呼ばれる変則的な震度分布を示す場合があります。たとえば、震源が「和歌山県沖、深度 500 km」で、マグニチュード 7.5 程度のわりと大きな地震のはずなのに、震源に

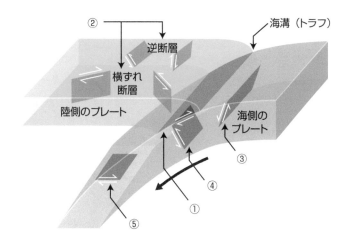

図 1.21　プレート収束境界での地震

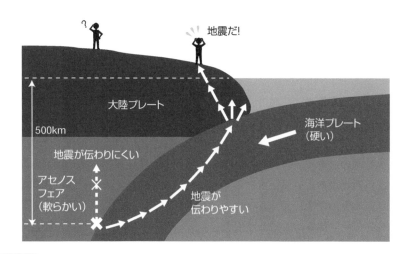

図 1.22　異常震度分布の原理

近い関西はまったく揺れず、関東・東北の広い範囲で震度 2 〜 3 程度の揺れ
が観測されることがあります。これは、震源の上方向の軟らかいアセノスフェ
アには地震のエネルギーがほとんど伝わらず、沈み込んだ硬い太平洋プレート
を伝って日本海溝に達するために起こる現象です（**図 1.22**）。この現象は、日
本列島の地下に硬いプレートが存在していることを如実に示しています。

沈み込んだプレートが600 kmの深さを超えると、周囲からの熱で十分温められて軟らかくなり、割れにくく（変形しやすく）なります。したがって、それより深いところでは地震はほとんど発生しません。

　海嶺付近も引き裂かれているため、正断層による地震が数多く発生します。トランスフォーム断層でも横ずれによる地震が発生します。しかし、海溝部のように力をため込む仕組みがないため、極端な巨大地震は発生しません。トランスフォーム断層で有名なところはアメリカ西海岸のサンアンドレアス断層ですが、ここで起こる地震は最大でもマグニチュード8にとどまります。それでもたびたび大きな被害を伴う地震となるのは、日本における「直下型地震」と同じく、震源が大都市に近く、しかも浅いことが原因です。

　なお、大陸の中央部であるにもかかわらず、地震の多い地域が中国〜インド〜中東〜地中海付近にあります。これは、オーストラリア・インド・アラビア・アフリカの各プレートがユーラシアプレートの下に沈み込んでいることに起因しています。

ほとんどの火山活動はプレート運動が原因

　プレート収束境界では、プレートの沈み込みに伴い、プレートを構成する岩石とともに水が地表から地球内部へと持ち込まれます。とはいっても、海水などの液体の水が大量に持ち込まれるという意味ではなく、含水鉱物に含まれる結晶水（鉱物の組成を示性式で表記した際のOH基）程度のものです。

　含水鉱物は地下100 km前後の温度・圧力の条件で相転移を起こし、含んでいた結晶水を周囲に放出します。水とはいえど、周囲の高温・高圧のため超臨界流体という、気体でも液体でもない状態になっています。

　この深さでは、周囲の温度は岩石が溶けるほど高くはありませんが、超臨界状態の水が加わると岩石の融点が下がる（**図1.23**）という性質があります。沈み込んだプレートが放出した水の効果で、その上のマントルが溶けてマグマを生成するのです。ただし、岩石のような混合物は「溶けはじめる温度」と「溶けきる温度」に差があります。そのため、溶けやすい成分だけが溶け出す**部分溶融**を起こして、マグマができると考えられています。

　その結果、プレート収束境界では、沈み込んだ海洋プレートが約100 kmの深さに達する直上に最初の火山の列が形成されます。複数種の含水鉱物の相転

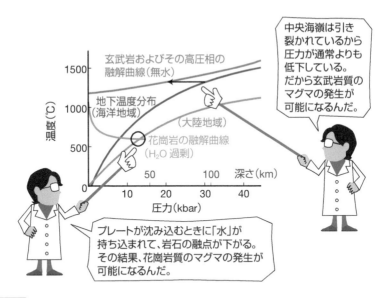

図1.23 マグマができるには、水が加わる（海溝部）か、圧力が下がる（中央海嶺部）か

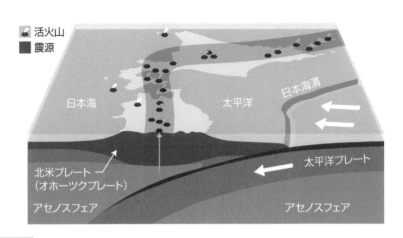

図1.24 海溝と並行する火山フロント

移により、火山帯が複数形成されることもありますが、最も海洋側の火山が並ぶ「線」を**火山フロント**（**火山前線**）と呼びます（**図1.24**）。このように、プレート収束境界で起こる火山活動は、海洋プレートが地下に持ち込んだ水を原因としているのです。

また、プレートの発散境界である中央海嶺は、「引き裂かれている場所」なので、地下の圧力が周囲より低く、岩石が溶けやすい条件になっています。そのうえ、割れ広がった分を埋めるようにマントル物質が上昇するために、さらに圧力が下がります。その結果、マントルが部分溶融し玄武岩質のマグマが生産されるために、つねに活発な火山活動が起こっています。

中央海嶺で生産される玄武岩を中央海嶺玄武岩（Mid Ocean Ridge Basalt; MORB）と呼びます。MORBはある程度均質なマントルを起源とするので、地球上どこの中央海嶺でも、ある一定範囲の組成的特徴を示します。

独立独歩の火山──ホットスポット

収束境界や発散境界以外でも、プレートの真ん中に孤立して火山が存在することがあります。このような火山活動を生じさせるのは、アセノスフェア対流の小規模な上昇流です。大局的には太平洋とアフリカに上昇流がある（図1.15参照）のですが、それから枝分かれした小規模な上昇流が直上のプレートを熱し、火山活動を起こしているのです。このような場所を**ホットスポット**と呼びます。

ホットスポットの位置は、マントル深部で固定され、不動です。そのため、ホットスポット上に形成された火山は、プレートの動きによりホットスポットの熱源から外れると活動を停止し、新たな場所に次の火山が形成されます（**図1.25**）。このようにして、プレート上に火山の列がつくられるので、この列の向きは過去のプレート運動の方向の「化石」なのです。

なお、アセノスフェアの深部に起源をもつホットスポットで形成される玄武岩を一括して海洋島玄武岩（Oceanic Island Basalt; OIB）と呼びます。それらは、アセノスフェア浅部に起源をもつMORBとは組成が異なっています。

日本人にとって最もなじみ深いホットスポットの例は、ハワイでしょう。現在活発に活動しているのはハワイ島のキラウエア火山ですが、その他の島々にも、完全に活動を停止した火山の痕跡が残されています。今後数万年のうちに

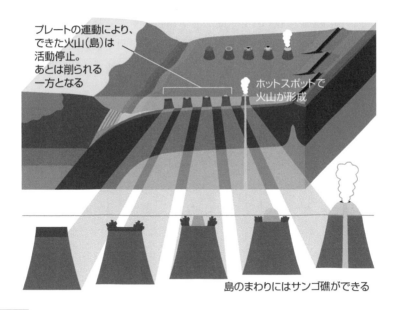

プレートの運動により、できた火山（島）は活動停止。あとは削られる一方となる

ホットスポットで火山が形成

島のまわりにはサンゴ礁ができる

図 1.25 ホットスポットの島列

キラウエアも活動を停止し、南東方向に新たな火山島がつくられることでしょう。実際に、ハワイ島南東ではロイヒという名前の海底火山がすでに活動をはじめています。

　かつてハワイのホットスポットがつくった火山島および海底火山は、海底地形図上に島および海山（海中の山のこと）の列として確認できます（**図 1.26**）。ところが、この列は一ヵ所で折れ曲がっています。ハワイから延びる列は西北西方向ですが、この折れ曲がりから先はほぼ北方向になります。これは、太平洋プレートの運動方向が昔は北向きだった証拠とされています。

　この海山列で最も古いのは、約 80 Ma に形成された明治海山です。すでに沈み込んでしまった、さらに古い海山の存在を考えると、ハワイのホットスポットは 8000 万年以上もの間、活動を続けていることになります。日本などの沈み込み帯における個々の火山の活動期間はせいぜい数万年と言われているので、ホットスポットの活動期間がいかに長いかがわかります。なお、太平洋プレートの運動方向が変化した年代は約 47.5 Ma です。これはフィリピン海プレートの形成開始と近く、フィリピン海プレート形成と太平洋プレートの運動

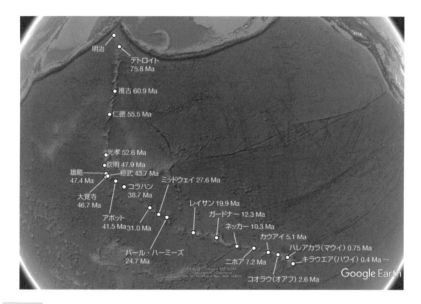

図 1.26 ハワイ・天皇海山列とその年代（Goole Earth をもとに作成。パール・ハーミーズより西の海洋島および海山の年代は Duncan & Keller, 2004; O'Conner et al., 2013; Sharp & Clague, 2006、その他はハワイ大学火山センターのホームページ〈http://www.soest.hawaii.edu/GG/hcv.html〉より）

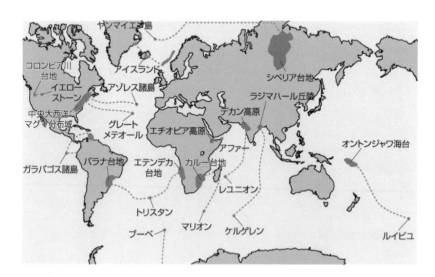

図 1.27 ホットスポットと LIPs。ホットスポットがつくった海山列の先には LIP がある!?（鳥海ほか，1997 にもとづく）

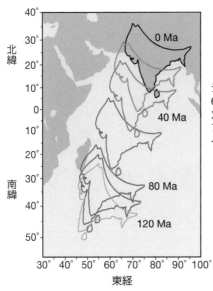

デカン高原の LIP をつくった活動は
68〜65 Ma を中心に起こった。
火山活動を誘発した
プリュームがもたらしたマントル曳力は、
インドの移動を加速させた。

図1.28 **インドの移動速度の変遷（鳥海ほか，1997 にもとづく）**

方向の変化との間には、密接な関係がありそうです。

　ホットスポットの成因として最も有力なのは、「大規模火成岩区（Large Igneous Provinces; LIPs）の残りカス」である、という説です。LIPs とは、地球深部からしばしば湧き上がる規模の大きな**マントル上昇流（プリューム）**によって引き起こされた、大規模な火山活動の痕跡です。LIPs の有名な例はインドのデカン高原や、東南アジアのオントンジャワ海台などです。現在のホットスポットから海山の列をたどっていくと、たいていひとつの LIP にたどり着く、という観察事実からそのように考えられています（**図1.27**）。なお、ハワイのホットスポットがつくったであろう LIP は、すでに沈み込んでしまったと考えられています。

　また、大規模なプリュームはプレート運動にも影響を与えます。たとえば、デカン高原をつくったプリュームがもたらしたマントル曳力は、当時のインドプレートの運動速度を 20 cm/ 年程度まで高めたと見積もられています（**図1.28**）。これは、現在の太平洋プレートの運動速度（約 10 cm/ 年）の 2 倍に相当するものです。

✍ ハワイは日本にぶつかるのか？
——プレートの厚さと海の深さの関係

　中央海嶺で新たに生産されたできたての海洋プレートは熱いので、「マントルが冷え固まった部分」がほぼゼロです。「マントルが冷え固まった部分」は、当然ながら冷えるに従って厚さを増します。つまり海洋プレートは、時間とともに中央海嶺から離れると同時に冷えていくため、中央海嶺から離れるほどプレートの厚さが増すことになります。さらに、冷えると密度が増すので、海洋プレートは中央海嶺から離れるほど重くもなり、その結果、海洋の水深も増します（**図1.29**a）。

　太平洋プレートが現在の動きを続けるとすると、現在のハワイはいずれ日本にぶつかることになるでしょう。とはいっても、それは約1億年後の話です。また、ハワイの島々が現在の姿のまま日本に近づいてくるわけではありません。なぜなら、ホットスポットを外れて火山活動を停止した島は風雨や波浪に浸食される一方となり、海面上の地形は長い年月のうちに削られ、その結果、海面レベルで平坦な島になってしまうからです。さらに上記のように、海洋底の深度は中央海嶺から離れるに従って増していくので、この平坦な島はプレートの運動に伴い、いずれ海面下に没してしまいます。海面レベルまで削剥されたかつての火山島は、頂上部が平坦な海山となるのです。このような海山を**平頂海山**と呼びます。

　以上から、ハワイのホットスポットがつくった火山島が海面上ではミッドウェー島までしか追跡できず、その先に島がない理由を説明できます。ミッドウェー島は平頂海山になりつつあり、また、ミッドウェー島から北西方向の海面下には、「火山島の成れの果て」が連なっているのです。

　現在のハワイが日本に近づくころには、平頂海山となってすでに海面下深く没していることでしょう。その例として、まさに今現在、日本にぶつかっている海山を示します。茨城県鹿嶋沖の「第一鹿島海山」です（図1.29b）。この海山は、正断層でスライスされるようにプレート収束境界に飲み込まれつつあります。ハワイのみならず太平洋プレート上に点在するすべての島々は、地球温暖化などによる海面上昇のいかんにかかわらず、いずれは必ず海面下に没し、最終的にプレート収束境界に飲み込まれる宿命にあるのです。

(a) 海山が飲み込まれていく様子

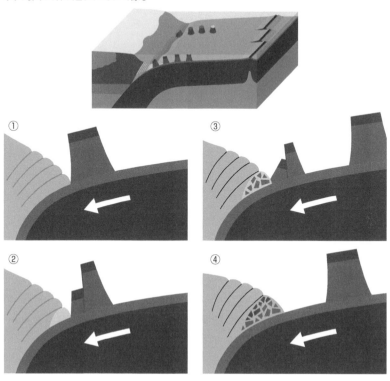

①　②　③　④

(b) 今まさに飲み込まれつつある第一鹿島海山

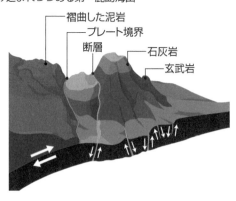

褶曲した泥岩
プレート境界
断層
石灰岩
玄武岩

図 1.29　沈んで飲み込まれる海山たち

2 日本列島を
つくったプロセス
──付加体の形成と浸食、そして背弧拡大

「日本列島がどのようにつくられたか?」という説明は、1980年ごろまでは「地向斜造山論」(4.2節参照) で語られていました。しかしその説明は、さまざまな新証拠により多くの矛盾を抱え込むことになりました。その矛盾を解いたのは、「プレートの運動によって集められた堆積物が陸をつくる」作用、つまり付加体の考えでした (4.3節参照)。それ以降、日本列島の土台はそのほとんどが付加体であり、付加体が断続的に形成されることで日本列島は成長を続けてきた、と考えられるようになりました。しかし近年では、日本列島は一方的に成長してきたわけではなく、成長と縮減を繰り返してきたと、言われるようになっています。本章では、日本列島を成長させてきた「付加体」と、それと対極をなす (列島を縮減させる)「構造浸食」、さらに日本"列島"をつくった「背弧拡大」について解説します。

2.1 付加体の形成

　付加体とは、読んで字のごとく「付け加わったもの」という意味です。海洋プレートがマントルに沈み込む際には、海洋プレート表面にたまった堆積岩および海洋地殻の火成岩などの比重の小さい (軽い) 地殻物質がプレート収束境界で上盤側のプレートに「付加する (くっつく)」のです。そのようなプロセスで形成された地質体を**付加体**といいます。

「かきとり」と「底付け」

　付加体の「付け加わり方」には、大きく分けて2種類があります。かきとり付加作用と底付け付加作用です（**図 2.1**）。

　プレートが沈み込みはじめる場所では、上盤側のプレートが、沈み込むプレート上にたまった堆積物をブルドーザーのブレードのようにかきとってしまいます。この作用が**かきとり付加作用**です。

　それだけではなく、かきとりを免れて沈み込んだ堆積物や海洋地殻などが、沈み込む途中で沈み込むプレートからはがれ、上盤側のプレートにくっつけられる作用もあります。これが**底付け付加作用**です。

　かきとりと底付けの違いにかかわらず、沈み込んだ堆積物や海洋地殻は、すき間に水を多く含んでおり、これを**間隙水**と呼びます。付加作用においては、この間隙水が重要な役割を果たします。プレートの沈み込みが進み、岩石が圧

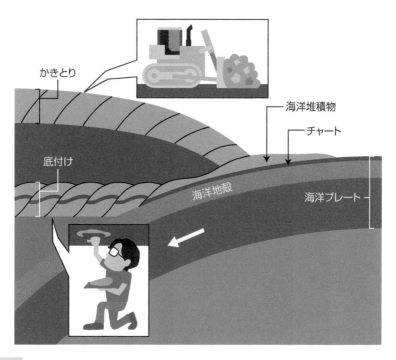

図 2.1　**かきとり付加作用と底付け付加作用**

縮されると、すき間が潰されて間隙水の圧力（間隙水圧）が高まります。すると、間隙水圧が周囲の地圧を上回った面でプレート上面がはがされ、上盤側のプレートの底に付加されるのです。

　断層面を境に堆積層がはがされ、陸側に付加される作用が連続して起こることで、**図2.2**のように「同じ層が繰り返す」構造をつくります。この構造を**デュープレックス構造**、「はがされる断層面」のことを**デコルマ**と呼びます。よく、「比重の軽い堆積物が沈み込めずにくっつく」という説明がなされますが、本質的

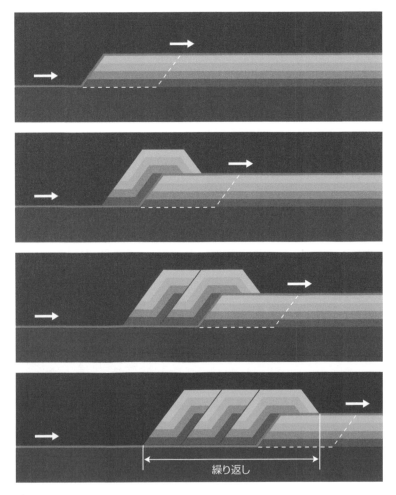

 の中に「繰り返し」の文字

図2.2 **デュープレックス構造のモデル**

には、比重よりも「デコルマがどこでできるか」のほうが付加体の形成においては重要なようです。

　付加作用は同じ層を繰り返して積み重ねることで、見かけ上厚い堆積層を形成します。また、付加体の中には、もとの地層を保った部分もありますが、付加の過程で**メランジュ**と呼ばれる、さまざまな種類の岩石がゴチャ混ぜになった地層もあります。メランジュは、付加する際の圧力によって軟らかい岩石（おもに泥岩）が流動し、断片化したほかの比較的硬い岩石と混ざり合うことによって形成されます。

　余談ですが、デュープレックス（duplex）とは「二階建て」、デコルマ（décollement）は「分離」、メランジュ（mélange）は「混合」を意味するフランス語です。付加体の研究がはじまった当時、フランスでは構造地質学が盛んで、これらの現象・構造の用語はフランス人地質学者がいち早く発見して名づけたために、今もフランス語由来の用語が残っています。とくに地質学者がおフランスにかぶれているわけではないので、あしからず。

山海の幸、とりそろえました！

　付加体を構成する岩石ができる過程を、プレート上のある一点に注目して、中央海嶺での形成から海溝での沈み込みまで順を追って見てみると、以下のような順番になります。

①中央海嶺で玄武岩・はんれい岩が形成される（付加体中では、変質して緑色岩および変はんれい岩になっている）。
②中央海嶺から離れると深度が増し、放散虫の遺骸が降り積もりチャートとなる。
③海洋島は上にできた石灰岩を乗せて、プレート運動に従って移動する。
④陸に近づくと、まず粒子の細かい泥が、さらに近づくと粒子の粗い砂が海洋底上にさらに堆積する。
⑤最終的に、これらが一緒になってプレート収束境界で陸側にくっつく。

　海洋の大きさにもよりますが、現在の太平洋を例にすると、①から⑤までの間には２億年近くの開きがあります。つまり、**同じ付加体には、できた時期も**

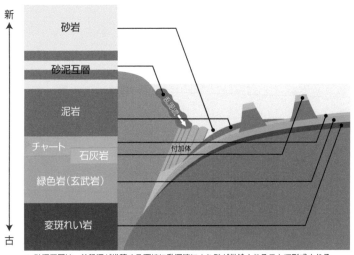

図2.3 海洋プレート層序。付加体には、できた時代も場所も異なる岩石が混じっている！

場所も異なる岩石が含まれているということです。

付加する前の模式的な層序関係は**図2.3**のようになっており、**海洋プレート層序**と呼ばれます。チャートや石灰岩は海で形成されたものです。一方で、砂岩や泥岩のもととなる砕屑物は山で削剥されてもたらされたものです。付加体とは、こういった「山海の幸」を地球がプレート運動でまとめ上げた「コース料理」にたとえることができるかもしれません。

2.2 変成された付加体

プレート収束境界で地殻物質のすべてが付加するわけではなく、地下深くまで沈み込んでしまうものもあります。それらはさまざまな変成岩へと姿を変えます。日本列島の基盤には、こういった「変成された付加体」も含まれます。本節では、そのような変成作用や変成岩について説明します。

変成作用

　もともと堆積岩や火成岩であったものが高い温度・圧力の影響を被ると、含まれる鉱物の構造の変化や複数種類の鉱物への分解、あるいはその逆の反応が起こります（**図 2.4**）。固体の状態で起こるこのような反応を伴って、岩石の鉱物組成や組織が変化する現象を、**変成作用**と呼びます。

　高い温度や圧力を加えられる条件が整う場所としてまず挙げられるのは、マグマの周囲です。高温のマグマが岩石中に貫入すると、周囲の岩石がマグマのもつ熱によって変成作用を受けます。これを**接触変成作用**と呼び、生じる岩石を接触変成岩といいます。条件（おもに熱源となるマグマの量）にもよりますが、熱がおよぶ範囲はそれほど広くありません。明確な接触変成岩となるのは接触面から数百 m 程度ですが、微細な鉱物の変化（おもに黒雲母が形成される）は 1 km 程度までおよぶことがあります。とはいえ、これは貫入したマグマ周辺のごく狭い範囲で起こる現象にすぎません。

　これに対して、広範囲な地質現象に伴う変成作用を**広域変成作用**と呼びます。この作用で生じる岩石として、大陸地殻の下部で形成される片麻岩類、収束境界において沈み込みや衝突の影響で形成される各種変成岩類が挙げられます。

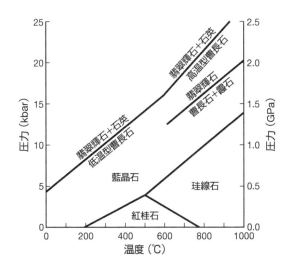

図 2.4　代表的な鉱物の安定関係。温度・圧力とともに鉱物は変化（相転移）する。

広域変成作用は、それが起こる温度と圧力との比により、おおまかに低温高圧型、中温中圧型、高温低圧型に分類されます（**図 2.5**）。

収束境界における変成作用について、次項でくわしく見ていきましょう。

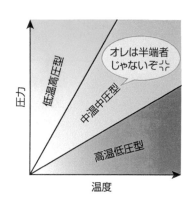

図 2.5　変成岩の型

収束境界に見られる変成岩

収束境界は、沈み込むプレートの影響で、温度・圧力の勾配ができやすい場所です。ここでできた変成岩が地表に現れると、収束境界に沿って狭長な（幅が数 km ～数十 km 以上になる場合もある）地質帯を形成します。

海洋プレート上にたまった堆積物は、収束境界で付加体をつくる場合もありますが、相当量の堆積物が沈み込むプレートとともに地下に持ち込まれていると考えられています。それらは、もともとは付加体を構成する岩石と同じものですが、地下深く（10 ～ 60 km 程度）まで持ち込まれてしまうと、高い圧力によって**低温高圧型変成作用**を受けます。日本列島で見られる低温高圧型変成作用を受けた変成岩帯の代表例として、三郡変成岩類（蓮華帯の一部や周防帯および智頭帯）や三波川帯が挙げられます（図 11.1 を参照）。

また、1.6 節で示したように、沈み込んだプレートから供給された水はマグマの生成を誘発し、その直上に火山フロントを形成します。地下のマグマの通り道や滞留する場所では、全体的に温度が上昇し、周囲の岩石は**高温低圧型変成作用**を受けます。日本では領家帯や阿武隈帯がこれにあたります。

このように、沈み込み帯の陸側の地下では、タイプの異なる 2 種類の変成作用が同時に起こっています。昔はこれを**対の変成作用**と呼び、日本では三波川帯と領家帯はこの"対の"関係にあるとされていました。しかし近年の研究により、変成年代の範囲が異なることから必ずしも一対一対応ではないことがわかり、高温側の火成活動として領家帯以外の白亜紀花崗岩類も含めて考えられるようになっています。そのため対の変成作用という用語はあまり用いられなくなりましたが、「沈み込み帯で 2 種類の変成作用が同時に起こりうる」と

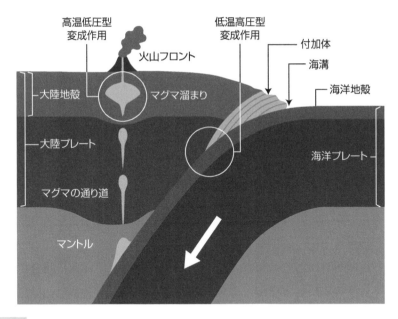

図 2.6 沈み込み帯で起こる2種類の広域変成作用

いう考え自体は現在でも通用します（**図2.6**）。

　中温中圧型の変成岩は日本列島には少ないうえに、その分布は断片的で、明確な「帯」はなしていません。その中でも顕著に中温中圧型変成岩の特徴を示すのは、飛騨帯東部・宇奈月地域の結晶片岩類で、日本国内では唯一、肉眼で十分確認できるサイズの十字石を産します。このタイプの変成岩は、過去の衝突帯に存在するといわれており、日本に近いところでは、朝鮮半島の沃川（옥천：Ogcheon）帯、臨津江（임진강：Imjingang）帯にあります（図6.2参照）。中温中圧型変成作用というと、なんだか中途半端な印象を受けるかもしれませんが、「温度も圧力も高い」場合も中温中圧型になります（図2.5参照）。

● 変成岩の名称

　日本列島に存在する広域変成岩は、ほとんどが付加体の岩石を起源としています。

　沈み込みによって地下沈部に持ち込まれて変成を受けた低温高圧型変成岩の

場合は、変成の度合いによって名称が変わります。泥岩を例にとると、変成度合いが高くなるにつれて、厳密には泥岩（非変成）→粘板岩（弱変成）→泥質千枚岩→泥質片岩、という具合に区別されるのです。しかし「変成岩か非変成岩か？」を問うと、通常は粘板岩程度ならば堆積岩（つまり非変成岩）に含めてしまいますし、千枚岩と片岩を区別することもほとんどありません。

　一般的には、原岩が「○○岩」の場合には、低温高圧型の変成岩は「○○質片岩」という名称になります。付加体を構成する岩石では、

- ・砂岩→砂質片岩
- ・泥岩→泥質片岩
- ・チャート→珪質片岩
- ・石灰岩→石灰質片岩
- ・緑色岩→緑色片岩

といった具合です。

　火山フロント付近の火成活動の影響で変成を受けた高温低圧型の場合、変成度が低いものは「○○片岩」になり、名称は上記に準じます。さらに変成度が上がると「片麻岩」と呼ばれます。片麻岩は、再結晶が進んでいるために、原岩の推定もおおざっぱになります。よく使われる分類は、

- ・堆積岩→準片麻岩
- ・酸性の火成岩（おもに花崗岩：大陸性）→正片麻岩
- ・塩基性の火成岩（おもに玄武岩：海洋性）→塩基性片麻岩

の３つです。これらの変成岩の名称とはべつに、変成作用でできた代表的な鉱物を入れた岩石名（たとえば「白雲母緑泥石片岩」や「黒雲母柘榴石片麻岩」）を使うのが少し昔の変成岩岩石学者の間ではふつうでした。現在ではくわしい記載をするとき以外は、これらの名称はあまり用いられないようです。

◖ 低温高圧型変成岩の謎——君はどうして地上に？

　海洋プレート上の堆積物の相当量が地下深くに引き込まれている証拠とし

て、地下深くの高圧下で変成を受けた低温高圧型変成岩には、砂岩・泥岩起源の変成岩がかなりの割合で含まれています。逆に考えると、プレート収束境界の地下では、必ず低温高圧型（高圧型）変成岩が形成されているといっても過言ではないでしょう。

しかし、沈み込み帯で形成されたと考えられる高圧型変成岩が露出する場所は、世界的に見ても非常に狭い範囲にすぎません（**図 2.7**）。これは、**高圧型変成岩はプレート収束境界のいたるところで形成されているが、それを地表まで持ち上げる手段は非常に限られている**ことを示していると思われます。そして、現在にいたっても、沈み込み帯の高圧型変成岩の上昇過程についてはさまざまな考え方があります。以下で、代表的な 5 つの説を紹介します（**図 2.8**）。なお、いちおうそれぞれの説に名前をつけていますが、これらは一部筆者が勝手につけたものもあるので、一般に通じる保証はありません。

浮力上昇説：

無理やり引きずり込まれた変成岩は、沈み込みの停止などで引きずり込む力がなくなったときに浮力で上昇する、という説。しかしながら、高圧型変成岩の密度は平均的な大陸地殻よりも高いので、地上までもってくることは難しい

図 2.7 太平洋周辺域の沈み込み帯変成岩の分布（都城，1994 にもとづく）

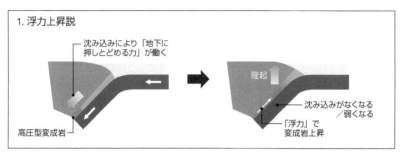

1. 浮力上昇説

沈み込みにより「地下に押しとどめる力」が働く

隆起

沈み込みがなくなる／弱くなる

高圧型変成岩

「浮力」で変成岩上昇

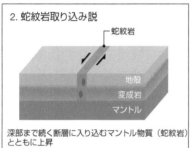

2. 蛇紋岩取り込み説

蛇紋岩

地殻
変成岩
マントル

深部まで続く断層に入り込むマントル物質（蛇紋岩）とともに上昇

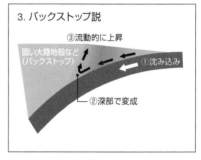

3. バックストップ説

③流動的に上昇

固い大陸地殻など（バックストップ）

①沈み込み

②深部で変成

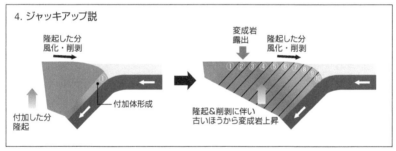

4. ジャッキアップ説

隆起した分風化・削剥

変成岩露出

隆起した分風化・削剥

付加体形成

付加した分隆起

隆起＆削剥に伴い古いほうから変成岩上昇

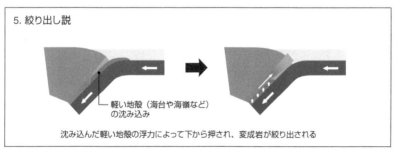

5. 絞り出し説

軽い地殻（海台や海嶺など）の沈み込み

沈み込んだ軽い地殻の浮力によって下から押され、変成岩が絞り出される

図 2.8 高圧型変成岩の上昇過程のモデル

と言われています。

蛇紋岩取り込み説：

　大規模横ずれ断層を埋めるように上昇するマントル物質（蛇紋岩）に取り込まれて、ともに上昇するという説。マリアナ海溝の「蛇紋岩ダイアピル」などは、この例に当たるかもしれません（2.4節参照）。たしかに、世界の高圧型変成岩体は蛇紋岩を伴います。しかしながら、その量は変成岩と比べるとごくわずかでしかないため、変成岩帯の上昇を論じるには無理があると言われています。

バックストップ説：

　沈み込むプレートに押し付けられた比較的流動的な付加体は、固い上盤側の大陸地殻に止められ（バックストップ）、流動的に上昇するという説。しかし、この説では付加体がつくる「海側の付加体ほど新しい」構造を説明できないという欠点があります。

ジャッキアップ説：

　底付け付加作用の連続により、より先に底付けされた高圧型変成岩が順次持ち上げられるという説。直観的にわかりやすい説ではありますが、細かい部分には観測事実と矛盾する点もあるそうです。

絞り出し説：

　高圧型変成帯は非変成（ないし弱変成）の地質体に挟まれる形で存在し、さらに、上盤側とは正断層、下盤側とは逆断層を介して接していることから、上下から挟まれる力によって絞り出されるように上昇した、とする説。絞り出しの原動力としては大陸地殻や巨大海台あるいは海嶺などの「浮力をもった地殻」の沈み込みが想定されています。

　これらの説のどれも、すべての高圧型変成岩の上昇を無理なく説明できるわけではありません。しかし逆に、世界中の高圧型変成岩が必ずしも同じメカニズムで上昇しているわけではない、と考えることもできるかもしれません。その昔、変成岩岩石学の大御所が、「われわれは（高圧型）変成岩がどのような過程でできるかを議論することはできるが、どのようにして地表まで上がってくるかを議論する手段はもっていない」といった趣旨の発言をしたことがあったそうです。この言葉どおり、変成岩岩石学のみでは不可能ですが、現在の地球科学者は物理学的・化学的手法も含めて、多方面からこの謎に挑んでいます。

2.3 基盤と整然層

　日本列島の大部分が付加体からなっている、とは言っても、それはあくまで「土台」の話です。その上の地表には、付加体以外の地層や岩石も多く存在します。では、その「土台」とは何だろう？　と思われるでしょう。

　詳細な地質図を見てみると、付加体とはべつの堆積岩や火山岩に覆われている部分が少なくないことがわかります。付加体からなる「土台」を、それより新しい時代の堆積物や火山噴出物が覆っているのです。この土台のことを**基盤**、上を覆う地層のことを**整然層**（または正常堆積物）と呼びます。

　本来「基盤」という用語は、ある地層の下側にある地層や岩体を指す、あくまで地層・岩体間の相対的な関係を示す言葉です。しかし、ここでは付加体（および付加体基盤に貫入した花崗岩類）がなす「日本列島の骨組みをつくる地質体群」のことを指します。

　「整然層」とは、本来は「地層累重の法則[※1]に従う地層」という意味です。付加体は「新しい地層が下に付加する」構造のため、大局的には地層累重の法則に従わない、ある意味「異常な地層」です。そこで、対比的にこのような用語が使われるようになりました（**図2.9**）。

　地層の重なった順番を調べるには、それぞれの地層ができた年代を調べることが最も効果的です。地層ができたときの環境や、地層のできた年代を知るうえでは、化石が重要な情報源となります（3.1節参照）。しかし、付加体（基盤）の岩石の中で目に見える大きさの化石（大型化石）を含む可能性があるのは、基本的に石灰岩のみです。付加体の砕屑岩（砂岩・泥岩）は、海溝近辺の生物の少ない深海に堆積したものなので、大型化石をほとんど産しません。このことは過去、日本の地層の年代を見積もるうえで間違いを生み出す原因になりました（第4章参照）。

　整然層にも、比較的深い海である大陸棚や大陸斜面で形成されたものもあり、それらは化石に乏しい場合が多いです。一方、多様な生物が棲んでいた浅海や

※1　地層累重の法則：「重なり合う2つの地層で、下位の地層は上位の地層より古い」とする地質学の基本法則。W. Smith が提唱した。

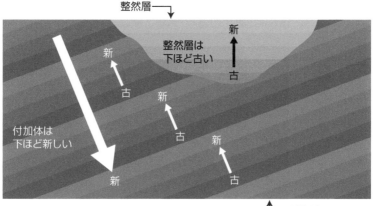

整然層 →

新
古
整然層は
下ほど古い

新
古

新
古

付加体は
下ほど新しい

新
古

新

↑—— 付加体

図 2.9 付加体基盤と整然層

陸水で堆積した整然層は、多量かつ多様な化石を含んでいます。恐竜の化石が産出することで知られる福島県の双葉層群、福井県の手取層群、兵庫県の篠山層群、熊本県の御船層群なども、すべて浅海性および陸性の整然層です。

2.4 構造浸食——付加体や大陸地殻が削られる

　付加体は、海に堆積した砕屑物などが陸側にくっついてできるものですから、付加体ができることは、陸が増えることを意味します。ただし、付加体の材料のほとんどは風化・削剥された大陸物質なので、付加体が増えても直接的に大陸地殻の体積が増えるわけではありません。プレートの沈み込みに起因した火成活動が起き、花崗岩がつくられることによって初めて付加体は「大陸化」するわけです。日本で言えば、現在の中国地方や中部地方の花崗岩地帯が想定されます。このように、プレートの沈み込みは付加体をつくり、さらにその後の火成活動により大陸地殻を増やす、と考えられていました。

　では、地球ができてから大陸がその面積を一方的に増やしてきたかというと、じつはそうではない可能性もあります（**図 2.10**）。プレートの沈み込みによっ

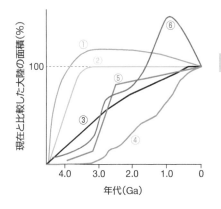

図 2.10　大陸形成モデルの比較。年代ごとの大陸の面積を表す。① 3.2 Ga ごろまで増加、その後減少　② 3.5 Ga 以降変わらず　③地殻形成以降単調増加　④ 3.2 Ga ごろから緩やかに増加　⑤基本的に緩やかに増加、3.2 ～ 2.5 Ga ごろに急激に増加　⑥ 1 Ga をピークに減少（それぞれの出典は沢田ほか , 2018 を参照）

て上盤側（多くは大陸をなす）の地殻が削られることがあるからです。この現象を**構造浸食**と呼びます。構造浸食は日本列島の形成史だけでなく、世界の大陸成長を語るうえで無視できないキーワードになってきています。なお、最近の構造浸食に関する研究については山本 (2010) にまとめられているので、くわしく知りたい方はそちらをご参照ください。

　本節ではこの先、構造浸食がどのように起こるのか、およびその結果どのようなことが起こるのかを、例を挙げながら紹介します。

🐟 付加するか、削られるか──付加体はじつは「少数派」？

　海洋探査を続けてきた結果、付加体形成というメカニズムが発見される一方、陸の地殻が削られている可能性が指摘されるようになってきました。世界中のプレート収束境界を見てみると、**顕著に付加体が形成されているところはむしろ少数派で、付加体が形成されていない部分や陸側のプレートが削られている部分が多く存在する**ことがわかってきたのです（図 2.11）。

　プレート収束境界には構造浸食型と付加型があります。双方の割合の見積もりは、研究者間で若干の違いはあるものの、だいたい構造浸食型が 7 割、付加型が 3 割程度と言われます。世界中の沈み込み帯における観測事実から、**付加型になるか構造浸食型になるかを決める主要な要素は、海溝充填堆積物の厚さと沈み込むプレートの(海溝と直交する成分の)速度**であると言えるようです。

　沈み込むプレートの速度が高いと、その分沈み込む砕屑物の量は増加し、海

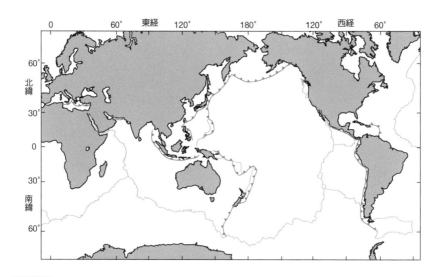

図 2.11 付加型と構造浸食型の沈み込み帯の分布。赤：付加型、青：浸食型（緑：発散境界）（山本, 2010 にもとづく）

溝充填堆積物の厚さは陸源砕屑物の供給量が多いと増加します。その兼ね合いで、**十分な量の砕屑物が供給されると、付加体形成が優勢**になり、**供給される砕屑物の量がプレート収束境界に取り込まれる量に比べて少なくなると、構造浸食が優勢**になると考えられています。なお、付加体が形成されている場所でも、平均 7 割におよぶ堆積物がプレートとともに沈み込んでいると言われています。

　砕屑物が沈み込むメカニズムとしては、沈み込むプレートが海溝直前で大きく下に曲がる際にできる割れ目に堆積物・崩落砕屑物がトラップされる作用が注目されていました。しかし、それだけでは沈み込む砕屑物の量と釣り合わないと言われています。近年では海山や海台、あるいは海嶺などの「海洋プレート上の出っ張り」が砕屑物を「道連れに引き込む」作用が注目されているようです。

どのようにして削られる？

　付加作用にかきとりと底付けがあるように、構造浸食にも海溝の上盤側斜面

の崩壊による**前縁浸食**と、上盤と下盤のプレート境界面で起こる**下底浸食**とがあります。

　前縁浸食は、**急峻な上盤側斜面が海溝に向かって重力崩壊を起こし、上盤側の前縁が浸食**されるものです。この過程はマリアナ海溝で顕著に見られ（**図2.12**a）、その崩壊面では地殻の断面が観察できるそうです。ここのプレート境界付近には、高圧型変成岩を含む雑多な岩石を包有する蛇紋岩ダイアピル（蛇紋岩海山）の存在が確認されています。これは、加水により変質したマントル物質（蛇紋岩）が、地下の岩石を取り込んで一緒くたに絞り出されたもので、2.2節で紹介した「蛇紋岩取り込み説」の一例と考えられています。

　下底浸食の典型はチリ沖と言われていますが、日本海溝でも同様の現象が確認されています。原理として考えられているのは、水圧破砕モデルです。具体的には、付加体形成では下盤側上部に形成される**デコルマが上盤側下部に形成され、上盤をはがし落とす**、というものです（図2.12b）。また、海山などの「出っ張り」の沈み込みは下底浸食をさらに促進すると考えられています。

　日本列島で見つかっている下底浸食の証拠を紹介しましょう。東北地方の八戸沖約150 kmの海底を掘削したところ、海面下約2600 mのところから「陸

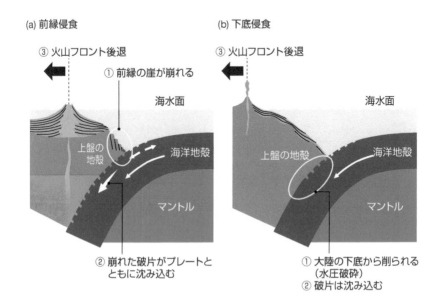

図2.12　**(a) 前縁浸食と (b) 下底浸食のモデル（山本 , 2010 にもとづく）**

上であった痕跡」が見つかり、そのかつて存在したであろう陸は親潮古陸と名づけられました（くわしくは 4.4 節参照）。この事実は、下底浸食によりかつての陸が沈降したことを物語っています。現在の東北地方では、太平洋プレートの沈み込みによる東西圧縮と火成活動に伴い、脊梁部が隆起しています。一方で、引き続く下底浸食の影響により太平洋沿岸部は沈降し続けています。東北地方東岸のリアス海岸（溺れ谷）の存在は、その証左です。

火山フロントの移動——付加か浸食かを見分ける目安

プレートの沈み込み速度に対して十分な量の砕屑物が供給されると、大規模な付加体が形成されます。その分、海溝が海側に移動し、海溝と一定の距離をもって並行する火山フロント（1.6 節参照）も海側に移動することになります。火山フロントを含む島弧や陸弧よりも外側（海洋側）のことを**前弧**、内側（多くは大陸側）を**背弧**と呼びます。付加体が形成される中でも、前弧の下部でささやかながら進行する下底浸食による沈降は**前弧海盆**を、新たな付加体の形成による前弧部前縁の隆起は**前縁隆起帯**を形成します。これが、付加型沈み込み帯の一般像です（**図 2.13a**）。

逆に砕屑物の供給量が十分でない場合、ごく小規模な付加体が形成されるものの、これは「成長しない付加体」です。構造浸食が進む分、海溝は陸側に移動し、それと並行して火山フロントも内陸側に移動します。進行する下底浸食は、前縁隆起帯を伴わない広い前弧海盆を形成します。これが、一般化された構造浸食型沈み込み帯です（図 2.13b）。

ただし、火山フロントを海側に移動させる要因は、海溝の移動以外にも考えられます。たとえば、海嶺や伊豆–小笠原弧のような火山弧などの地殻熱流量の高い海洋地殻の沈み込みです。この点は注意する必要があります。

日本列島の過去と現在の火山フロントの位置を比べてみると、西南日本ではほとんど変化しない一方、東北日本では明らかに陸側に移動しています（**図 2.14a**）。南海トラフから沈み込むフィリピン海プレートの運動速度（垂直成分）は約 4 cm/ 年と比較的低く、また、激しく隆起する日本アルプスからの大量の陸源砕屑物が海溝（南海トラフ）を埋めているために、水深も海溝と呼べるほど深くありません。条件から見ても、典型的な付加型沈み込み帯です。一方で、日本海溝から沈み込む太平洋プレートの運動速度は約 10 cm/ 年と高く、小規

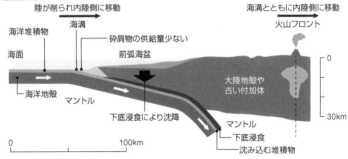

(a) 構造浸食型

陸が削られ内陸側に移動

海溝とともに内陸側に移動

火山フロント

海洋堆積物

海面

砕屑物の供給量少ない

前弧海盆

大陸地殻や
古い付加体

海洋地殻

マントル

下底浸食により沈降

マントル

下底浸食

沈み込む堆積物

0

100km

0

30km

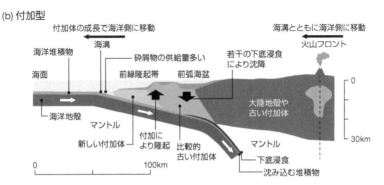

(b) 付加型

付加体の成長で海洋側に移動

海溝とともに海洋側に移動

火山フロント

海洋堆積物

海面

砕屑物の供給量多い

前縁隆起帯

前弧海盆

若干の下底浸食
により沈降

大陸地殻や
古い付加体

海洋地殻

マントル

新しい付加体

付加に
より隆起

比較的
古い付加体

マントル

下底浸食

沈み込む堆積物

0

100km

0

30km

図 2.13 **(a) 構造浸食型、(b) 付加型沈み込み帯の一般像(山本 , 2010 にもとづく)**

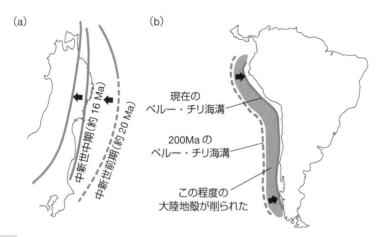

(a)

中新世中期(約 16 Ma)

中新世前期(約 20 Ma)

(b)

現在の
ペルー・チリ海溝

200Ma の
ペルー・チリ海溝

この程度の
大陸地殻が
削られた

図 2.14 **(a) 東北日本の火山フロントの変遷(鹿野ほか , 1991 にもとづく) (b) 過去 2 億年
で削られた南米西岸(山本 , 2010 にもとづく)**

模な付加体はあるものの海溝充填堆積物の少ない、典型的な構造浸食型沈み込み帯と言えるでしょう。

大陸地殻は永遠には残らない！？

　地球上の大陸が離合集散を繰り返してきたことは、1.5節で述べたとおりです。各超大陸の再現においてはじつは、**過去に形成された大陸地殻は永遠に残り続け、大陸地殻の面積は時代とともに増加している、という暗黙の了解**のようなものがありました。しかし現実には、南米西岸のように大陸地殻が大きく削られる場合（図2.14b）もあります。過去にも同様のことがあったのならば、超大陸の再現モデルを再考しなければなりません（図2.10参照）。とはいえ、なくなってしまったものの量を見積もるには、相当な困難が伴います。

　海洋底拡大説の確立以降、海洋地殻は頻繁に更新される一方、大陸地殻は安定で、そのために古いものが残されている、と考えられてきました。しかし、残されているものだけがすべてではない可能性もあります。現在では、従来の地質学の想像を超えて、大陸地殻もある程度更新されている、と考えられるようになってきています。

三歩進んで二歩さがる

　スケールは小さくなりますが、日本列島についても同様です。**過去に形成された付加体が削られてなくなってしまったことを考慮する必要があります。**また、形成以来つねに変動帯であった日本では、**隆起するたびに風化・浸食により地表が削られてきた**ことは容易に想像されます。よって、過去の情報は、下からの構造浸食だけではなく、上の地表からも消えていくのです。日本において古生代以前の岩石が非常に少ないのは、この2つの理由が考えられます。

　日本列島の基盤は、事実ほとんどが付加体起源の地質体からなっています。しかしその年代構成を見ると、ずいぶんと歯抜けが多いことに気づきます（**図2.15**）。これらの歯抜けは従来、付加体が形成されなかった時期として認識されていましたが、かつて存在した付加体が削られてなくなった時期である可能性も議論されるようになっています。

　日本列島は付加体形成開始以降、断続的ながら一方的に成長してきたと信じ

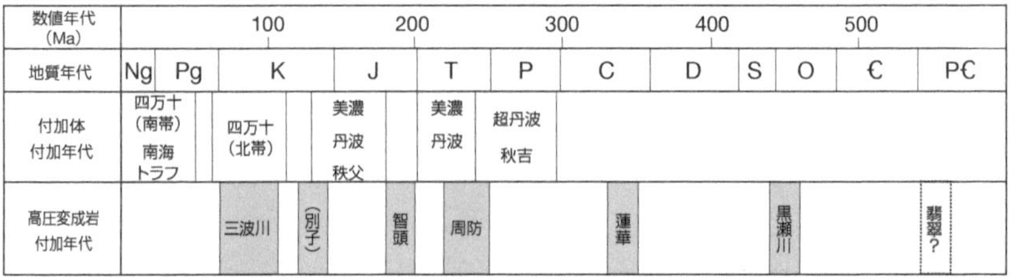

数値年代 (Ma)		100		200		300		400		500	
地質年代	Ng Pg	K	J	T	P	C	D	S	O	Ꞓ	PꞒ
付加体 付加年代	四万十 (南帯) 南海 トラフ	四万十 (北帯)	美濃 丹波 秩父	美濃 丹波	超丹波 秋吉						
高圧変成岩 付加年代		三波川	(別子)	智頭	周防	蓮華		黒瀬川			翡翠 ?

図 2.15 日本列島の付加体の年代

られてきました。しかし新しい解釈では、**付加体形成と構造浸食を繰り返しながら総量として付加体形成のほうが勝った結果、付加体を基盤とした日本列島が存在している**ことになります。つまり、日本列島はまさしく「三歩進んで二歩さがる」ように、進退を繰り返しながら成長してきたのです。

2.5 背弧拡大——引きはがされる島弧

　沈み込み帯において火山弧の内陸側のプレートが割れて広がり、**背弧海盆**という新たな海底が生産される現象を**背弧拡大**と呼びます。日本列島は、もともと朝鮮半島からロシア沿海州にかけて存在する、大陸縁の付加体（陸弧）でした。それが、約 30 Ma にはじまった「背弧拡大」により大陸から引きはがされて、現在のような島弧となったと考えられています（**図 2.16**）。この「背弧拡大」による日本海の形成をもって日本列島の誕生とする研究者もいます。たしかに日本海なしには日本「列島」にはなりえないので、それもひとつの考え方です。なお本書では、「将来日本になる部分の形成がはじまった時点」を日本列島の誕生としているので、日本海形成より多少遡ることになります。何はともあれ、背弧拡大は付加体と並び、日本列島形成史において非常に重要なキーワードなので、ここで紹介します。

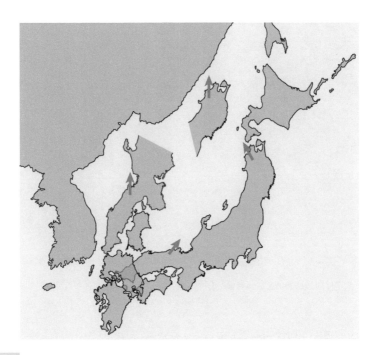

図 2.16 日本海拡大とそれ以前の日本列島の位置。色の薄い部分は日本海形成以前の「日本列島」の配置（ただし、説のひとつにすぎない）。赤矢印は、日本海形成以前の古地磁気が示す北の方向。（国立科学博物館 , 2006 にもとづく）

現在観察される背弧拡大

　背弧拡大がなぜ、どのように起こるのか？　それを考えるには、実際に現場に行って調べることが一番です。

　現在、背弧拡大が実際に起こっている場所はいくつかありますが、多くは太平洋西岸地域に集中しており、沖縄トラフもそのひとつです（**図 2.17**）。背弧拡大の活動がとくに顕著なのは、南太平洋トンガ海溝付近です。太平洋プレート上の島々とトンガの島弧との相対速度は約 24 cm/ 年であり、この地域の太平洋プレートの運動速度約 8 cm/ 年と比べると 16 cm/ 年も「速い」のです。これは、16 cm/ 年の速度でトンガ海溝が東に動いていることを意味します。そしてその結果、トンガ島弧の背弧海盆であるラウ海盆が広がっています。

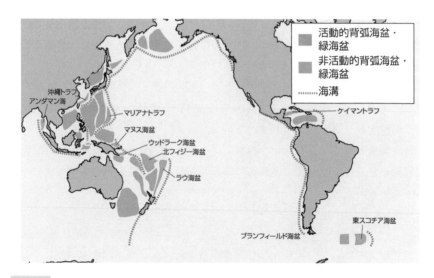

活動的背弧海盆・
緑海盆
非活動的背弧海盆・
緑海盆
海溝

沖縄トラフ
アンダマン海
マリアナトラフ
マヌス海盆
ウッドラーク海盆
北フィジー海盆
ラウ海盆
ケイマントラフ
ブランフィールド海盆
東スコチア海盆

図 2.17 太平洋周辺の海溝と背弧海盆の分布（鳥海ほか , 1997 にもとづく）

◢ 背弧拡大の原動力

　背弧拡大の原動力について考えてみましょう。もちろん、プレート（スラブ）の沈み込みが重要な役割を果たしています。

　スラブはプレート運動のおもな原動力となる以外にも、沈み込み帯に特徴的な現象を引き起こします。先に紹介した付加体の形成や地震・火山活動もその一部です。現在の日本列島は、太平洋プレートやフィリピン海プレートの沈み込みにより強い圧縮を受けています。そのため、沈み込み帯は基本的に圧縮されているという印象をもたれがちですが、じつは、必ずしもそうではありません。**沈み込み帯には圧縮応力型と伸長応力型の2つのタイプがある**ことがわかっています。

　圧縮応力型は、まさしく現在の日本海溝や南海トラフのような場所です。1.6節で見たとおり、沈み込むプレートに押されることにより、海溝のプレート境界部では逆断層型の地震がしばしば発生します。一方で、**伸長応力型ではこのような地震はほとんど発生しません。むしろ、上盤のプレートが引っ張られ、割れ広がることにより背弧拡大を起こします。**この割れ目では玄武岩質の海底火山活動が起こり、新たな海洋地殻がつくられます。いわば「ミニ中央海嶺」

です。沖縄は地震が少ないとよく言われますが、それは、琉球海溝が伸長応力型の沈み込み帯であるためです。ここでは背弧拡大が起きており、背弧海盆として沖縄トラフが現在進行形で形成されています（8.2節参照）。

　ただ、沈み込み帯において伸長応力場を生み出す原因については、いまだ明確な答えが得られていません。有力視されているのは、海溝の海側への移動、逆から言えば、スラブの「後ずさり（ロールバック）」です。また、さまざまな室内実験やシミュレーションの結果は、海溝は沈み込むプレート側には容易に移動できるが、上盤側（陸側）には移動しづらいことを示しています。

日本海は背弧拡大でできたのか？

　背弧拡大という現象は現在でも世界各地で見られます（図2.17参照）。しかし、日本海をつくった「背弧拡大」は、現在世界のほかの地域で見られる背弧拡大と似ているようで、大きな違いもあります。

　現在見られる背弧拡大でできた島弧は、どれも「小さな島の集まり」にすぎないのです。日本列島は、白亜紀の花崗岩が広く貫入したわりと大陸的な地殻で、海溝から背弧海盆の端までの幅（たとえば南海トラフ～島根半島沖）も300 km以上あり、現在活動中の島弧−背弧系と比べるとかなり大規模であることがわかります。ここまで背弧拡大の説明をしてきて何を言うんだと思われるかもしれませんが、はたして、このような規模の「島弧」が上記のプロセスの背弧拡大で形成可能なのでしょうか。

　そこで、別のアイデアも提案されています。中国沿岸部やロシア内陸部には、渤海湾やバイカル湖など、地溝帯のような場所があり、それらの開裂は小規模なマントルのプリュームによって引き起こされたと考えられています。それと同じように、日本海もプリュームによって「押し割られた」のではないかとする考えもあるのです（**図2.18**）。

　一般的な背弧拡大では、地殻が引っ張られて割れることで火山活動が起こりますが、プリュームが押し割るならば、火山活動によって割られるわけです。割れるから火を噴くのか、火を噴くから割られるのか──この「鶏と卵の関係」は、現在でも解釈に決着がついていません。というわけで、本書では日本海を形成した活動を《背弧拡大》と表記します。

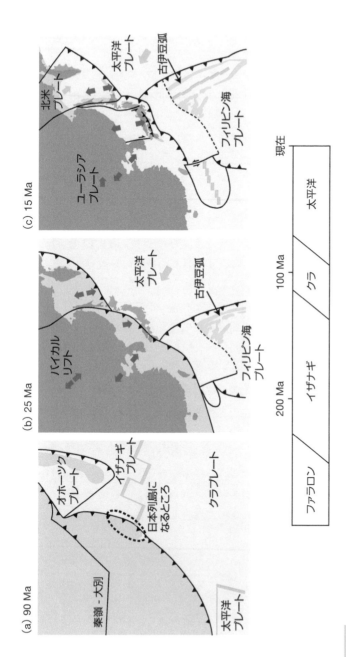

図2.18 日本列島の下に沈みこむプレートの変遷。青い矢印は拡大を示す。日本海拡大時、プリュームの影響は大陸内部だけでなく日本海にまでおよんでいた？(Isozaki et al, 2010 にもとづく)

プレートテクトニクスが受け入れられる 1980 年ごろより前は、日本海は大陸
地殻が陥没することによってできた、と考えられていました。しかしそれより
ずっと前の 1927 年、物理学者の寺田寅彦（1878 〜 1935）は、ヴェーゲナー
の大陸漂移説に着想を得て、大陸が分離して南に押し出されることにより日本

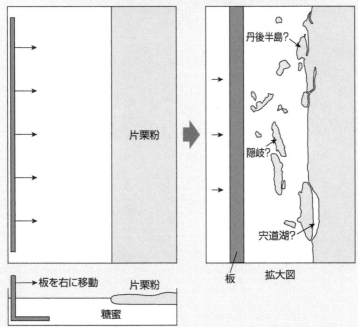

図 2.19 寺田寅彦による実験（Terada & Miyabe, 1928 をもとに作成）

列島は形成された、との説を唱えました。

　彼は実際に、マントルを模した糖蜜の上に表面の端から3分の1ほどをかたくり粉で固めて陸を模した模型で、陸側に糖蜜の「湧昇流」ができるように板を動かし、日本海側の海岸線を再現（？）しました。なんだかゲシュタルトとかロールシャッハという言葉が思い起こされる気はしますが……。この結果から、日本海は湧昇流のようなもので押し割られてできて、その痕跡が丹後半島や宍道湖なのではないか、と考えたようです（**図 2.19**）。簡単な実験ながら、日本海の形成を端的に示しているようにも感じられます。

3 歴史の道しるべ
——年代

　年代とひと言にいっても、2種類の表現方法があります。ひとつは、化石によって決定され、「新生代新第三紀中新世」のように時代名で表記する相対年代（地質年代）。もうひとつは、物理・化学的な測定によって決定され、数字によって表記される絶対年代（数値年代）です。高速道路でたとえるならば、相対年代はカントリーサイン、絶対年代はキロポストのようなものです。この章では、微化石年代学の発達や分析精度の向上による相対年代・絶対年代双方の高精度化、相対年代と絶対年代との関係、絶対年代の求め方やその意味などについて解説します。

3.1 地質年代

　時代の名前と化石との間には密接な関係があります。そもそも時代の名前は、化石をもとにしてつけられているのです。地質年代の最も大きな区分として、**代**という単位があります。**古生代・中生代・新生代**というのがそれですが、たとえば古生代とは「古い生物の時代」という意味です。ギリシャ語が語源のPaleo（古い）zoic（生物の）を直訳したものですが、昔の日本の学者はこういった学術用語の内製化にも熱心だったようです。「コンプライアンス」とか「アポイントメント」など、日本語をわざわざ「カタカナ語（決して英語ではない）」に変換する意識高い系の人々とはエライ違いですね。古生代を代表する生物といえば三葉虫ですが、これは中生代に入ると姿を消します。中生代の生物の代

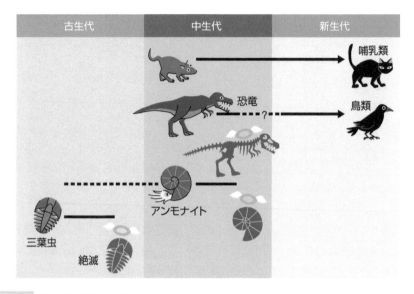

古生代	中生代	新生代

図 3.1 代表的な生物の変遷

表はアンモナイトあるいは恐竜などですが、これらも新生代に入ると姿を消します（ネス湖あたりに残っているなどという噂もありますが）。つまり、特定の生物の（発生〜）絶滅が地質年代の区切りになっているのです（**図 3.1**）。

🐚 生物が入れ替わる？——地質年代の境界

　繁栄していた生物が絶滅するイベントといえば、最近（？）の例では約66 Maの恐竜の絶滅が最も有名です。恐竜の絶滅の原因には諸説ありましたが、現在では、メキシコ・ユカタン半島付近への巨大隕石の落下がもたらした、地球環境の変化であると考えられています。恐竜ばかりに目がいきがちですが、じつはこの中生代末（K-Pg 境界）には、地球上に棲息していた生物種の75％が絶滅したと言われています。このように多くの生物が絶滅する事象を**大量絶滅**と呼びます。

　地球上の生物が爆発的に多様化した約 600 Ma 以来、5 回の大量絶滅があったことを示す証拠が見つかっています。その中でも規模が最大だったとされる古生代末（P-T 境界）の大量絶滅では、地球上の 90％以上もの生物種が絶滅

したと考えられています。こうした大量絶滅のあとには、からくも絶滅を免れた生物たちが繁栄しました。それまで繁栄していた生物が絶滅したことで、以前は手に入らなかった資源（土地や食料など）を利用できるようになったからです。細々と生きてきた生物が、大量絶滅を境に、支配的な生態学的地位を得るという"入れ替わり"が繰り返されたと考えられます。

　最も大きな地質年代区分である「代」は、このように二大大量絶滅で区切られ、その下の区分「**紀**」の境目にも生物種の減少が見られます。さらに下の「**世**」の境界では、さすがに顕著な生物種の減少は見られません。その代わり、複数の特徴的な化石の発生と消滅の組み合わせで決められています。このように、「代」「紀」「世」で表される年代を**地質年代**と呼びます（付録参照）。

　余談ですが、中生代と新生代の境界を以前は K-T 境界と呼んでいました。K は中生代の最後の紀である白亜紀、T は新生代の最初の紀である第三紀を意味するものでした。しかし地質学の国際的な取り決めにより、第三紀（Tertiary）という地質時代の名称が、現在は「非公式」となっています。新生代の最初の紀は古第三紀（Paleogene）と定められたので、白亜紀と古第三紀との境界という意味で、今では K-Pg 境界と呼ばれています。白亜紀は英語で Cretaceous なので頭文字は C ですが、C ではじまる時代名が多いため、ドイツ語で白亜紀を表す Kreide を用いて K で表されています。地質年代表（付録）に各年代の略号も併せて示しておきます。

🖋 化石による年代——示準化石

　地質年代の基準となる化石を**示準化石**と呼びます。よく、"示準化石で年代がわかる"と言われますが、厳密には逆で、上記のように"示準化石をもとに地質年代が決められている"のです。

　示準化石の条件としては、まずは**産出数が多い**ことが挙げられます。見つからないことには話になりません。また、**広い範囲で見つかる**ことも重要です。これは、広い範囲の地層で化石を対比することができるからです。もうひとつ、**存在期間が短い（あるいは進化が速い）**ことも重要です。

　この3つ目の条件について、すこしくわしく説明しましょう。存在期間が長く示準化石に向かない生物として、シーラカンスやオウムガイなど「生きた化石」と呼ばれる種が挙げられます。こういった種の化石はその登場以降のあ

らゆる時代の地層から出てくるので、示準化石にはなりえません。一方で、中生代全般に棲息していたアンモナイトは進化が速く、時代によって細部の特徴が変化します。後世の人間は、この微妙な違いを見分けることによって時代を細分化しています。この作業は、筆者を含めた化石素人にとっては「？」なのですが、ある程度保存のよい化石ならば専門家はひと目で見分けてしまいます。

ところで、化石といえば、文句なしの一番人気は恐竜です。しかし、恐竜化石は示準化石に最も向かない、と言ってもいいでしょう。産出数が非常に少ないうえに、産出する地層も限られるためです。化石の"かっこよさ"は年代学において評価の対象外です。

◗ 微化石──強力な示準化石

「産出数が多い」「広い範囲に棲息」「進化が速い」という示準化石の条件をきわめて好条件で満たす生物がいます。殻をもった水棲の単細胞生物です。石灰質の殻をもつ**有孔虫・石灰藻**や、珪質の殻をもつ**放散虫・珪藻**などがあり（**図3.2**）、大きさは $10 \sim 100$ μm 程度です（1 μm $= 10^{-3}$ mm $= 10^{-6}$ m）。**コノドント**という櫛の歯状の 1 mm 程度の化石もあり、これは現代でいうナメクジウオのような原索動物ないしは未知の脊椎動物の摂食・消化器官の一部であるとされています。これらの生物は短期間で進化し、時代とともに形状が変化するので、示準化石として利用可能です。

しかし、昔は岩石からこれらの微化石を取り出す方法が確立されていませんでした。また、取り出しても透明に近いため、光学顕微鏡を使っても細部を詳細に観察することは困難でした。しかし、1960 年代に入ると、岩石から微化石を抽出する手法が確立され、透明な微細物の細部を観察できる走査型電子顕微鏡も普及します。それを契機に、微化石を用いた年代学は大きく発展しました（**図3.3**）。現在では、大型化石に比べてはるかに産出数が多く、幅広い地層に産出する微化石は「強力な示準化石」として用いられています。

とくに最も広く用いられているのは放散虫です。放散虫はカンブリア紀に発生し、現世の海にも広く棲息しています。2.1 節でも触れたように、チャートは放散虫の殻（遺骸）の塊です。また、堆積速度の比較的遅い泥岩にも含まれるので、大型化石を産しない付加体の堆積岩の堆積年代を求めるのに重宝されています。

放散虫
（カンブリア紀〜現世）

大きさ：10μm〜数百 μm
殻の材質：二酸化ケイ素
特徴：
★ 顕生代に広く棲息。
★ 材質的に残りやすい。

珪藻
（ジュラ紀前期〜現世）

大きさ：100 μm〜1 mm
殻の材質：二酸化ケイ素
特徴：
★ 新生代の示準・示相化石として有効。
★ 淡水生・海水生のものがいる。

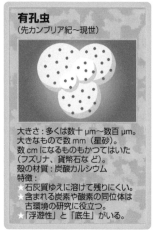

有孔虫
（先カンブリア紀〜現世）

大きさ：多くは数十 μm〜数百 μm。
大きなもので数 mm（星砂）。
数 cm になるものもかつてはいた
（フズリナ、貨幣石など）。
殻の材質：炭酸カルシウム
特徴：
★ 石灰質ゆえに溶けて残りにくい。
★ 含まれる炭素や酸素の同位体は
　古環境の研究に役立つ。
★「浮遊性」と「底生」がいる。

コノドント
（カンブリア紀〜トリアス紀）

大きさ：数 mm
殻の材質：リン酸カルシウム
　　　　　（原索動物ないしは
　　　　　　原始的脊椎動物の歯）
特徴：
★ 古生代の地層の年代決定に有効。

図 3.2 代表的な微化石

光学顕微鏡で見た珪藻

走査型電子顕微鏡で見た同種の珪藻

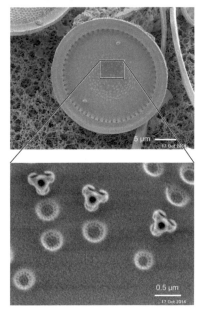

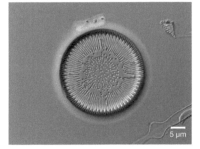

通常この程度が限界

さらなる詳細な観察も可能に！

図 3.3 　光学顕微鏡と電子顕微鏡で見た珪藻（写真提供：国立科学博物館　齋藤めぐみ氏）

3.2 　数値年代

「化石で年代がわかる」と述べましたが、当然ながら、化石に「何年前にでき
ました」と書いてあるわけではありません。示準化石を見てわかるのは、その
生物が生存していた地質年代（たとえば「中生代白亜紀」など）です。ひとつ
の層から複数種類の示準化石が見つかると、それぞれの生存期間の関係性から
さらに時代を絞ることができます。ただし、たとえば「中生代白亜紀アルビア
ン」などという地質年代による表現が可能になるだけで、定量的に年代（何万
年前に生きていたのか）を知ることはできません。そこで本節では、「〇年前」
という数字で表される年代を決定する方法を説明します。

相対と絶対

　では、示準化石に数字の年代を与えているものは何でしょうか？　それは放射年代（くわしくは次項で説明します）と呼ばれるもので、分析により「何年前」という数字で表された年代を得ることができます。化石そのものや、化石を含む堆積岩の放射年代は測定できませんが、堆積岩の間にたまに挟まる火山岩や凝灰岩の放射年代は測定可能です。世界中の示準化石を含む層の上や下にある火山岩や凝灰岩の層の放射年代を総合すると、その示準化石生物が棲息していた期間を数字で表せるようになります（**図3.4**）。また、その手法をさまざまな示準化石に適用することで、地質年代区分の境界が「何年前か」を決めることができます。

「中生代白亜紀」のような、地質年代を**相対年代**（relative age）と呼ぶのに対し、数字で表される年代を**絶対年代**（absolute age）と呼びます。相対年代は示準化石によって決められますが、絶対年代は岩石の分析・測定によって得られます。なお、筆者はふだん、絶対年代という単語を用いることを避けています。「絶対」とは、この場合あくまで「相対」の反対語として用いられていますが、言葉としての「絶対」は、「完全な」とか「疑う余地のない」という意味を含ん

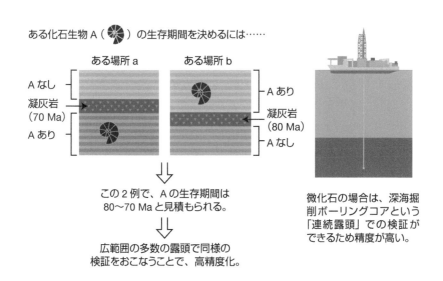

ある化石生物 A（🐚）の生存期間を決めるには……

ある場所 a　　　ある場所 b

Aなし
凝灰岩
（70 Ma）
Aあり

Aあり
凝灰岩
（80 Ma）
Aなし

⬇

この2例で、Aの生存期間は
80〜70 Maと見積もられる。

⬇

広範囲の多数の露頭で同様の
検証をおこなうことで、高精度化。

微化石の場合は、深海掘削ボーリングコアという「連続露頭」での検証ができるため精度が高い。

図3.4　示準化石に数値年代をつける——鍵層の対比

でしまうからです（これは英語の absolute でも同じです）。数字で表す年代であってもつねに正しいとは限らないので、筆者は絶対年代と同義語の**数値年代**を好んで使用しています。

　地質年代境界の数値年代を決定する露頭を**模式地**と呼びます。模式地と認められる条件は、地質年代境界とその前後の地層をくわしく観察することができ、さらに微化石や放射年代、古地磁気などのデータが詳細に得られていることです。地質年代の（期 / 階の）名前はその模式地の地名をもとにしてつけられます。そのせいで、筆者は白亜紀後期の地質年代を見ていると、酒がほしくなります（コニアシアンはコニャック地方、カンパニアンはシャンパーニュ地方に由来）。また、科学的な議論とは無関係な方向でも有名になってしまった「チバニアン」ですが、これは中部更新統の地質年代名で、千葉県市原市にある露頭を模式地とします。

放射年代

　岩石や鉱物の年代を測るには、それらに含まれている微量の**放射性核種**の**放射壊変**という現象を利用します。少々むずかしい言葉が登場したので、それぞれ具体例を用いながら説明していきます。

　放射性核種とは、放射線を出す原子核の種類のことです。放射性核種が放射線を出してべつの核種に変わることを放射壊変といいます。反対に、安定で放射線を出さない核種を安定核種といいます。たとえば K（カリウム）とは 19 個の陽子をもつ「元素」の名前ですが、同じカリウムでも中性子数の異なる複数の「核種」が存在します。そのひとつは、原子核が 19 個の陽子と 21 個の中性子からなる、質量数 40 のカリウム 40（^{40}K）です。天然のカリウムは、99.9883％の ^{39}K という安定核種と 0.0117％の ^{40}K という放射性核種とで構成されています。^{40}K は時間とともに一定の割合で ^{40}Ar（アルゴン 40）に変わっていきます。この関係の中で、放射性核種（^{40}K）のことを「**親核種**」、放射壊変後に残るもの（^{40}Ar）のことを「**娘核種**」と呼びます（**図 3.5a**）。また、親核種と娘核種との一対一関係を**壊変系**と呼びます。

　この親核種と娘核種を調べることで、年代を測定できるのです。親核種はほかの核種に変わってしまうため一方的に減っていきますが、娘核種は親核種が減少した分増加します。よって、ある試料の中のある壊変系における親核種と

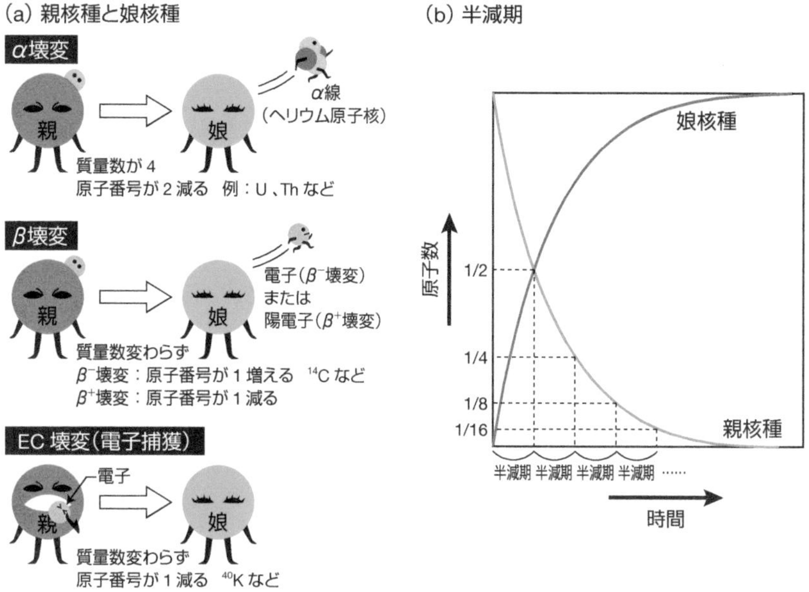

(a) 親核種と娘核種

α壊変

親 → 娘 α線 (ヘリウム原子核)

質量数が 4
原子番号が 2 減る　例：U、Th など

β壊変

親 → 娘 電子（β⁻壊変）
または
陽電子（β⁺壊変）

質量数変わらず
β⁻壊変：原子番号が 1 増える　^{14}C など
β⁺壊変：原子番号が 1 減る

EC壊変（電子捕獲）

電子
親 → 娘

質量数変わらず
原子番号が 1 減る　^{40}K など

(b) 半減期

原子数

娘核種

1/2
1/4
1/8
1/16

親核種

半減期 半減期 半減期 半減期 半減期 ……

時間

図3.5　**放射壊変の種類と半減期**

娘核種との割合を測定すると、その試料ができてからの経過時間がわかるのです。また、放射性核種の減り方は、「ある一定の時間を過ぎると、もとの半分の数になる」という特徴があり（指数関数的減少）、その半分になるまでの時間を**半減期**と呼びます（図3.5b）。^{40}Kの場合、半減期は約12億5000万年です。

　放射壊変を利用して測定される年代が、前項で紹介した放射年代です。**放射年代**は、基本的には鉱物結晶が形成された（放射性核種が閉じ込められた）時期を示します。よって、マグマから結晶してできた火成岩および凝灰岩に対して有効です。他方、堆積岩はさまざまな年代をもった砕屑粒子の混合物なので、放射年代測定は基本的に不可能です。しかし、手法によっては堆積岩の堆積年代を「制限」することは可能です（3.4節参照）。

アイソクロン

　放射年代を導くうえで最も一般的な方法は「**アイソクロン法**」です。アイソ

クロン（isochron：語源はギリシャ語）とは「時間（chrono）が等しい（iso）線」という意味で、日本語に無理やり訳すと「等時線」とでも言うのが適当かと思います。アイソクロンの引き方と放射年代の導き方を説明しましょう。

アイソクロンを引くには、まず2軸のグラフを作成します。横軸（X軸）に親核種（P）と娘核種の安定同位体（S）との比（P/S）を、縦軸（Y軸）に娘核種（D）と親核種の安定同位体との比（D/S）をとります。どちらの軸の値（P/S比とD/S比）も、機器を用いた分析から決定できます。ここで、比と比ではなくPとDを直接比較すればいいと思われたかもしれません。しかし、直接比較するためには双方を正確に定量する必要があり、その分析は非常に手間がかかります。一方、「比」の測定は、定量分析に比べると手間がかからない分、より多くの分析が可能となります。

同一試料を複数回測ると、含まれる親核種の量が多いデータほど娘核種は多くなり、それは比例の関係になるので、測定データは一定の傾きをもった直線上に並びます。この直線が**アイソクロン**です（**図3.6**）。時間が経つ（古い）ほど娘核種が増えるので、アイソクロンの傾きは増します。つまり、アイソクロンの傾きがそのまま年代を表すのです。また、Y切片（つまりP＝0の点）は親核種がまったく含まれなかった場合を示すので、「その試料の形成時にもともと含まれていたD/S比（初生値）」を意味します。このような面倒くさい

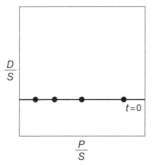

(a) D/Sは同位体比、P/Sは元素比。
　　同一岩石・鉱物の中では
　　元素比はばらつくが、同位体比は同一。
　　よって、その岩石・鉱物ができたときには、
　　X軸に平行な直線上になっているはず。

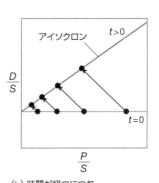

(b) 時間が経つにつれ、
　　・Pが減る
　　・Dが増える
　　ので、点は左上に動く
　　（動いた先でも直線性は保たれる）。

図3.6　アイソクロンの原理

手順を取るのは、この**初生値がわからない場合が多い**からです。

　通常は、複数回測定した結果をアイソクロン図上にプロットし、最小二乗法[※1]により直線を引くことで年代（傾き）を得ます。ただし、事前に初生値がほぼゼロとわかっている場合があり、そのような場合は1点の測定データからでも年代を出す（直線を引く）ことが可能です。

　アイソクロン法にまつわる悩ましい問題として、「離れた1点」が傾き（＝年代）を大きく左右することが挙げられます。しかも、この「離れた1点」があるおかげで、年代の誤差を小さくすることもできるのです。これは最小二乗法の特性上仕方がないとはいえ、アイソクロンを検証する際には注意すべき事象です。

閉鎖温度――鉱物年代の意味を決める要素

　一般的に、岩石に含まれる放射性核種は非常に微量なので、岩石の年代を測るには「年代測定に向いている鉱物」を集めて測定に用います。たとえば、上記の ^{40}K から ^{40}Ar への壊変を利用する K-Ar 年代測定をおこなうならば、カリウムを多く含む雲母類などが向いています。

　もうひとつ重要なことは、「岩石が経験したどのイベントの年代を知りたいのか」という目的をはっきりさせることです。具体的には、その岩石ができた年代を知りたいのか、あるいは変成作用などの外部から作用を受けた年代を知りたいのかにより、用いる手法が異なってきます。

　鉱物に含まれる放射性核種は、鉱物の結晶時に取り込まれたものなので元素としては化学的に安定です。ところが、壊変してべつの元素（娘核種）に変わってしまうと、化学的性質が変わり不安定になる場合があります。そのため、娘核種は基本的にその鉱物から漏れ出やすい傾向があり、とくに熱が大きく影響します。娘核種が鉱物から外に漏れ出て減ってしまうことは「年代の若返り」につながるので、「どこまでなら熱されても大丈夫なのか」を知ることは重要です。

　鉱物中の娘核種が漏れ出ない最高温度を**閉鎖温度**と呼びます（**図3.7**）。この閉鎖温度の多くは実験的に求められたものなので、天然の鉱物に必ずしも完

※1　最小二乗法：多数のデータのもつ傾向を直線近似する代表的な手法。

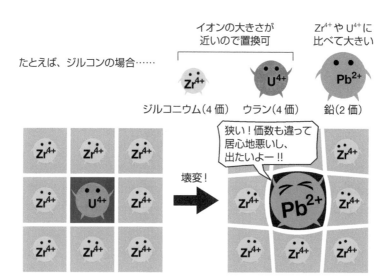

図 3.7 閉鎖温度の概念

全に適用できるわけではありません。それでも、鉱物の年代の意味を解釈するうえで最も重要な要素です。閉鎖温度は、鉱物および壊変系によって異なります。よって、年代を示す際は、「ジルコン U-Pb 年代」とか「白雲母 K-Ar 年代」などのように、測定対象の鉱物と壊変系を併記するのが一般的です。**閉鎖温度の高い（娘核種が漏れ出しにくい）壊変系は（形成年代など）一次的なイベントの情報を示し、低い（同漏れ出しやすい）壊変系は（形成後の変成・変質年代など）二次的なイベントの情報を示しやすい**、と言えます。たとえば、ジルコンという鉱物の U-Pb（ウラン－鉛）系は閉鎖温度が非常に高いために、結晶後に変成作用などの影響を受けにくいことが知られています。したがってその系が示す年代は基本的に、そのジルコンの粒が形成された年代を示すと解釈されます。

その鉱物、いつできた？

じつは放射年代の原理上重要なのですが、忘れられがちな要素が、「測定対

象鉱物の形成（結晶）時期」です。たとえば上記のジルコン中の Pb の閉鎖温度は 900℃以上と言われますが、ジルコン自体は熱水中などでもっと低温で形成されることもあります。よって、ジルコン U-Pb 年代が、その岩石が 900℃を経験した時点の年代を示す保証はありません。

　もうひとつ、閉鎖温度をもとにした解釈が変更された具体例を挙げましょう。白雲母の Ar の閉鎖温度は長らく 350℃前後と思われていたために、高圧型変成岩の白雲母 K-Ar 年代はしばしば、「変成岩が上昇・冷却し、350℃を下回った年代」と解釈されてきました。しかし近年では、白雲母の Ar の閉鎖温度はもっと高く、500℃に達するという見積もりもあります。高圧型変成岩が変成作用の際に 500℃に達することはほとんどないので、「冷却年代」としての解釈は、これにより成り立たなくなりました。

　一方、高圧型変成岩中の白雲母の結晶は、変成岩が上昇に転じる際の変形によってできた構造に従って並んでおり、上昇に伴う変形の際に結晶したことを示唆します。つまり、**高圧型変成岩の白雲母 K-Ar 年代を制御しているのは閉鎖温度ではなく、白雲母の結晶時期**だったのです。これを受けて、高圧型変成岩の白雲母 K-Ar 年代はその変成岩の上昇（に転じた）年代と、現在では解釈されるようになっています。

▶ 「全岩年代」とその注意点

　鉱物ごとに分析する方法とはべつに、「**全岩分析**」という方法もあります。その名のとおり岩石をまるごと溶かした溶液を分析するもので、この方法で得られる年代を**全岩年代**と呼びます（**図 3.8**）。

　全岩年代の数値の解釈には注意が必要です。岩石は異なる性質をもった複数種類の鉱物の集合体であり、全岩分析では、閉鎖温度の異なる鉱物の混合物を測定することになるからです。同じ岩石試料から得たいくつかの全岩分析のデータにアイソクロン法を適用する、「全岩アイソクロン法」の示す年代が純粋な「全岩年代」といえます。

　しかし、全岩分析を何度おこなっても、もともと同じ岩石の違う部分を測っているので、アイソクロン図上でのばらつきは乏しくなります。したがって、アイソクロンの傾きの誤差、つまり年代の誤差を小さくすることは困難です（**図 3.9**a）。そこで、同じ岩石から分離したいくつかの鉱物と全岩の分析データか

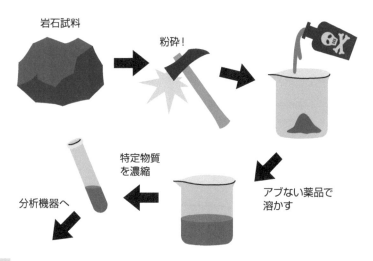

図 3.8　全岩分析の手順

らアイソクロンを求める「全岩－鉱物アイソクロン法」が考案されました。鉱物種が異なると組成も異なるために、アイソクロン図の横軸方向のばらつきが大きくなり、傾きの誤差、ひいては年代誤差を小さくすることができるのです（図3.9b）。ところが、それらの鉱物が同時にできたという保証はありません。このように、全岩年代はいくつかの不確実性を含んでいますが、岩石の種類によっては全岩年代に頼らざるをえない場合もあります。

　近年急速に発達・普及したジルコン U-Pb 年代は、全岩年代のデータのいくつかを明確に否定しつつあります。たとえば、Rb-Sr 全岩－鉱物アイソクロン年代から形成年代を 211 Ma とされていた肥後帯の宮の原トーナル岩は、ジルコン年代により形成年代は約 110 Ma と解釈されるようになりました。三波川変成作用の年代とされてきた 116 Ma の Rb-Sr 全岩年代は、同一地域で約 90 Ma の砕屑性ジルコン年代が大量に得られたことにより、変成年代ではありえないことが示されました。現在では、これら全岩年代のデータは「アイソクロンのように見えただけ」だったと解釈されています。

　こういった「アイソクロンのような直線」のことを**シュードアイソクロン（偽アイソクロン）**と呼びます。シュードアイソクロンが得られてしまう原因としては、2成分（以上）の混合が挙げられます。また、全岩－鉱物アイソクロンでは、閉鎖温度の異なる鉱物のデータを同一直線上と解釈するうえでの齟齬や、

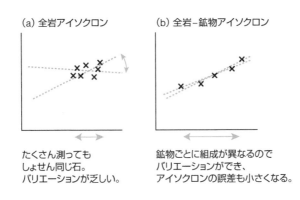

図 3.9 全岩アイソクロンと全岩 − 鉱物アイソクロン

上記の「離れた 1 点のデータ」による誘導などが挙げられます。

モデル年代

　モデル年代という用語は、じつに曖昧なものです。というのも、そもそも 2 つの異なった意味をもつからです。

　ひとつ目は、近年ではあまり用いられていませんが、Rb-Sr 系における簡易的な年代測定法を意味します（**図 3.10**a）。初生値（アイソクロン図の Y 切片）としてある定数を用いることで、ひとつのデータから簡易的に年代値を得る方法を指します。きちんと運用しさえすれば、目安の年代を得る方法としては悪くないものです。しかし、堆積岩や（堆積岩起源の）変成岩の全岩分析に用いると、（今は意味がないとわかっている）古い年代が得られる傾向があります。年代測定の黎明期に変成岩や堆積岩の「Rb-Sr 全岩モデル年代」が濫用されたことがあるので、要注意です。

　ふたつ目は、岩石・鉱物の"出どころ"を比較する手段です。近年ではモデル年代というと、こちらのことを意味します。このモデル年代は、「岩石・鉱物のできた年代」を示すものではなく、岩石・鉱物を一種の「グループ分け」する手段のひとつとして用います。これについては少し説明が必要です。

　たとえば、異なる場所にあり、形成年代も異なる岩石が同じモデル年代を示した場合は、その岩石のもとになった物質（起源物質）に共通点がある可能性

(a) Rb-Sr 法のモデル年代

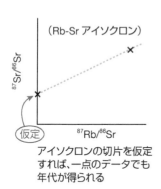

（Rb-Sr アイソクロン）

$^{87}Sr/^{86}Sr$

$^{87}Rb/^{86}Sr$

仮定

アイソクロンの切片を仮定
すれば、一点のデータでも
年代が得られる

(b) CHUR および DM の Nd 同位体成長曲線
　　（Sm-Nd 系の例）

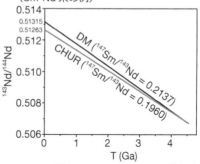

$^{143}Nd/^{144}Nd$

DM ($^{147}Sm/^{143}Nd = 0.2137$)

CHUR ($^{147}Sm/^{143}Nd = 0.1960$)

T (Ga)

値は Bouvier et al. (2008) および
Peucat et al. (1988) による

(c) Sm-Nd モデル年代

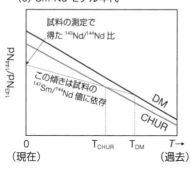

試料の測定で
得た $^{143}Nd/^{144}Nd$ 比

この傾きは試料の
$^{147}Sm/^{144}Nd$ 値に依存

DM

CHUR

0　　　　T_{CHUR}　T_{DM}　　$T\rightarrow$
（現在）　　　　　　　　　　（過去）

モデル年代は試料と CHUR、DM の
同位体成長曲線の交点なので、
以下の式で表される
（λ は ^{147}Sm の壊変定数：6.54×10^{-12} yr^{-1}）

$$T_{CHUR} = \frac{1}{\lambda}\ln\left(\frac{\left(\frac{^{143}Nd}{^{144}Nd}\right)_{sample} - \left(\frac{^{143}Nd}{^{144}Nd}\right)_{CHUR}}{\left(\frac{^{147}Sm}{^{144}Nd}\right)_{sample} - \left(\frac{^{147}Sm}{^{144}Nd}\right)_{CHUR}} + 1\right)$$

図 (b) の値を代入

$$T_{CHUR} = \frac{1}{\lambda}\ln\left(\frac{\left(\frac{^{143}Nd}{^{144}Nd}\right)_{sample} - 0.51263}{\left(\frac{^{147}Sm}{^{144}Nd}\right)_{sample} - 0.1960} + 1\right)$$

同様に

$$T_{DM} = \frac{1}{\lambda}\ln\left(\frac{\left(\frac{^{143}Nd}{^{144}Nd}\right)_{sample} - 0.51315}{\left(\frac{^{147}Sm}{^{144}Nd}\right)_{sample} - 0.2137} + 1\right)$$

この同位体成長曲線は
直線に見えるけど、
わずかに上に凸の曲線なんだよ。

図 3.10　モデル年代　(a) Rb-Sr 法のモデル年代　(b) CHUR および DM の Nd 同位体成長曲
線　(c) Sm-Nd 全岩モデル年代の算出法

を示唆します。逆に、同じ場所・同じ形成年代であっても異なるモデル年代を示すこともあり、その場合はそれらの起源物質が異なっていることを示します。このように、モデル年代とはあくまで起源物質を比較するための指標のひとつであり、多数のデータを比較することにより意味をもつものです。

　Sm-Nd（サマリウム－ネオジム）系を例に挙げて説明します。コンドライト隕石の $^{143}Nd/^{144}Nd$ 同位体初生値および $^{147}Sm/^{144}Nd$ 比はほぼ一定ということがわかっています。時間を経るほど ^{147}Sm の壊変により生じる ^{143}Nd が加わるために、コンドライト隕石中の $^{143}Nd/^{144}Nd$ 比は現在に近づくほど大きくなります。こういった同位体比と年代の関係を示した曲線を**同位体成長曲線**と呼びます。地球上の古い火成岩の Sm-Nd 年代と $^{143}Nd/^{144}Nd$ 初生値（アイソクロンの切片）を同様にプロットすると、このコンドライトの同位体成長曲線上に乗るものがあると知られているのです。このことは、地球内にコンドライト隕石と同じ同位体組成をもったマグマ源が存在することを示しています。その「仮想的」なマグマ源を **CHUR**（CHondritic Uniform Reservoir）と呼びます。また、岩石が部分溶融してマグマをつくる際、マグマ（液相）に多く分配される元素があり、そういった元素を不適合元素（または液相濃集元素）と呼びます。それを考慮すると、地球形成初期に地殻が形成されたあとの、融け残ったマントルは不適合元素が当初よりも少なくなっているのです。そういったマントルを**枯渇マントル**（**DM**：Depleted Mantle）と呼びます（図 3.10b）。試料の分析で得られた「現在の $^{143}Nd/^{144}Nd$ 比と $^{147}Sm/^{144}Nd$ 比」をもとに描かれる同位体成長曲線と CHUR および DM との交点が計算できます（図 3.10c）。これらの交点が示す年代が Sm-Nd モデル年代です。CHUR との交点から求めるものを T_{CHUR}、DM の場合は T_{DM} と表します。なお、CHUR も DM もいくつかの参考値があり、モデル年代を記す際は参考値の併記が望まれます。

3.3　ジルコンを用いた年代学

　前節で、何度かジルコン U-Pb 年代に言及しました。ジルコンという鉱物は、年代測定の試料として極めて優れた特徴をもっています。かつてはうまく扱えませんでしたが、現代の地質学では重要なデータをもたらしています。本節で

は、ジルコンの分析で最もよく用いられる U-Pb 年代と、最近データが出はじめた Hf モデル年代を紹介します。

なぜジルコン U-Pb 年代なのか

　現在、「ジルコン U-Pb 年代」が、地質学界で猛威を振るっており、筆者としては、「生物学界における DNA」に匹敵する衝撃（言いすぎ？）と考えています。このジルコン U-Pb 年代がほかの年代測定法よりも優れている点として、次の 6 つが挙げられます。

①ジルコンは物理・化学的に極めて安定度の高い鉱物なので、岩石の風化・
　変質などによる影響を受けにくい。
②結晶時にほとんど Pb を含まない。
③ジルコンは比較的多様な岩石に産する。
④閉鎖温度が高い。
⑤なんらかの影響を被った場合でも、それを検出する手段がある。
⑥近年は比較的手軽に測定が可能になった。

　とくに、単純にジルコンの結晶した年代＝形成年代とした火成岩類・凝灰岩の形成年代・堆積年代の決定と、砕屑性ジルコン（3.4 節参照）を用いた堆積岩（および堆積岩起源の変成岩）の堆積年代の見積もり、および砕屑物の供給源の推定に威力を発揮しています。研究は加速度的に進んでおり、あと 10 年も経ればかなりのデータが蓄積し、日本の地質も大きく書き換えを迫られるかもしれません。

ジルコンという鉱物

　ジルコンは、古くから宝飾に使われてきた鉱物です。とくに橙色を呈するものにはヒヤシンスの別名があり、そこから派生してジルコンの和名は風信子石です（あまり使われませんが）。宝石にできるような大きく透明度の高い結晶は、マグマが固結する最終段階であるペグマタイト（巨晶花崗岩）中やマグマから生じた熱水が周囲の岩石と反応する熱水交代作用などで形成されます。一方で、

図 3.11 岩石から取り出したジルコンの写真。下の黒い棒はシャープペンシルの芯（太さ 0.5 mm）

ほとんどのジルコンは、酸性〜中性の火成岩に含まれる 50 〜 500 µm の小さな結晶です（**図 3.11**）。火成岩に含まれるジルコンは自形[※2]を呈することが多いので、マグマ固結の初期から結晶しているものと考えられます。風化・変質に非常に強いため、火成岩のほかにも、火成岩が風化した物質が堆積してできた堆積岩や、それらが高い温度や圧力によって変化した変成岩にも含まれます。

ジルコンの理想的な化学式は $ZrSiO_4$ ですが、副成分として通常数％のハフニウム（Hf）も含みます。Hf ＞ Zr となると、ハフノンという鉱物名になります。また微量の U、トリウム（Th）、希土類元素などを含みます。それらの元素はジルコニウム（Zr）とイオン半径が近く、置換が容易なためです。逆に、イオン半径が大きく価数も異なる Pb はほとんど含みません（図 3.7 参照）。つまり、ジルコンを分析して検出される Pb は、ほぼすべてが U や Th が壊変してできたものと解釈できるのです。さらにジルコンの Pb 閉鎖温度は 900℃以上とも言われており、多少の変成作用では若返る（Pb が結晶外へ漏れ出す）ことがなく、形成時の年代を保持すると考えられます。このような背景から、結晶の物理的・化学的強靭さと併せて、U-Pb 年代測定に適した鉱物として地

※2　自形：鉱物のもちうる本来の形状。結晶成長時に空間的制限がない場合に見られる。（反）他形

質学の分野で重視されてきました。また Pb だけでなく、多くの元素が結晶時の状態で保持されると言われます。

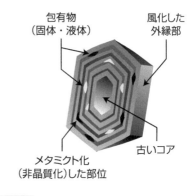

包有物（固体・液体）

風化した外縁部

メタミクト化（非晶質化）した部位

古いコア

図 3.12 一般的なジルコン結晶の内部構造

しかしながら、硬くて腐食しにくいというジルコンの性質は、分析するために溶液をつくるのが難しいことを意味します。そのため、従来の手法によるジルコンの年代測定は、非常に手間のかかる作業でした。また、その結晶の強靭さにより、古い結晶が残存し、その外側に新しい結晶が成長していることもあります（**図 3.12**）。よって、ひと粒の結晶でも内側（コア）と外側（リム）で年代が異なる場合がしばしばあります。このような粒を溶かしても、「コアの形成年代とリムの形成年代との中間の年代」しか得られないため、溶かす前の粒の選定に慎重さが求められました。このようなジルコンを自在に分析することは、地質学者の夢であったとも言えます。

近年普及してきた二次イオン質量分析計（SIMS）やレーザーアブレーション誘導結合プラズマ質量分析計（LA-ICP-MS）を用いれば、ジルコンの結晶を「固体のまま」で「狭い範囲」を分析可能です。よって、溶液をつくる手間がかからないばかりか、ひと粒で複数の年代をもつ部位をべつべつに測定可能であるうえに、年代測定に向かない部位（包有物など）を避けることもできます（**図 3.13**）。これらの普及により地質学者の夢は大きく叶えられた、とも言えますが、まだまだ「もっと手軽に」「もっと微量でも」「もっと正確に」という欲求は絶えることはないでしょう。

◆U-Pb 年代

上記のように、ジルコンは結晶時に U を含むが Pb を含まないため、U-Pb 年代測定にとって理想的な鉱物です。U-Pb 年代とは通常 ^{238}**U-**^{206}**Pb 年代**を指しますが、もうひとつ ^{235}**U-**^{207}**Pb 年代**を利用することもできます。つまり、

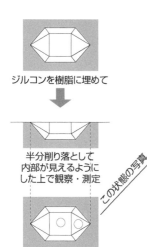

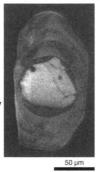

測定前のジルコン粒子
研磨表面の電子顕微鏡写真
（カソードルミネッセンス像）

測定後のジルコン粒子（透過光）
丸い穴は測定後の穴
（直径 25 µm、深さ 10 µm 強）

ジルコンを樹脂に埋めて

半分削り落として
内部が見えるように
した上で観察・測定

この状態の写真

50 µm

古いコアを中心に新しいジルコンが成長している
左の写真で明るく見える部分：1850 Ma
暗く見える部分： 240 Ma

図 3.13 LA-ICP-MS により測定済みのジルコン写真と電子顕微鏡像

^{238}U-^{206}Pb と ^{235}U-^{207}Pb の 2 つの壊変系列を用いて、同じ U-Pb 系で 2 種類の年代を出し相互チェックができることが、U-Pb 法の最大のメリットです。なお、^{238}U のほうが ^{235}U よりも存在度が 137.88 倍高く——このウランの同位体存在度は、ごく特殊な状況を経ない限り、天然では地球を含め太陽系内で一定——、その分測定誤差を小さくできるため、^{238}U-^{206}Pb 年代がおもに用いられます。また、^{238}U-^{206}Pb 年代と ^{235}U-^{207}Pb 年代を組み合わせた **^{207}Pb/^{206}Pb 年代**もあります（図 3.14）。

これらの年代の組み合わせをわかりやすく可視化する手段として、**コンコーディア図**があります。コンコーディア図には、^{207}Pb*/^{235}U 比と ^{206}Pb*/^{238}U 比をプロットした **Wetherill コンコーディア図**、^{238}U/^{206}Pb* 比と ^{207}Pb*/^{206}Pb* 比をプロットした **Tera-Wasserburg コンコーディア図**（T-W 図）の 2 種類があります。Wetherill と Tera-Wasserburg はそれぞれ考案者の名前です。なお、右肩にアスタリスクがついた "Pb*" は、「放射改変起源（それぞれの U が壊変したもの）の Pb」を示します。

2 種類のコンコーディア図は横軸・縦軸ともに年代を示す比であり、それらの**年代が一致する曲線がコンコーディア**です。ある測定データがコンコーディアに乗っている状態を**コンコーダント**（一致・調和）、乗っていない状態を**ディ**

・^{238}U-^{206}Pb 法

$$^{206}\text{Pb}^* = {}^{238}\text{U} \left[\exp(\lambda_8 t) - 1\right] \qquad \cdots\cdots ①$$

・^{235}U-^{207}Pb 法

$$^{207}\text{Pb}^* = {}^{235}\text{U} \left[\exp(\lambda_5 t) - 1\right] \qquad \cdots\cdots ②$$

・^{232}Th-^{208}Pb 法

$$^{208}\text{Pb}^* = {}^{232}\text{Th} \left[\exp(\lambda_2 t) - 1\right] \qquad \cdots\cdots ③$$

・^{207}Pb/^{206}Pb 法

②式を①式で割り、^{235}U/^{238}U = 1/137.88 を適用

$$\frac{^{207}\text{Pb}^*}{^{206}\text{Pb}^*} = \frac{1}{137.88} \frac{\exp(\lambda_5 t) - 1}{\exp(\lambda_8 t) - 1} \qquad \cdots\cdots ④$$

でも、この式は解析的に解けない（"t =" の形にならない）。だから、Pb/Pb 年代を計算するには、ニュートン法などの数値計算が必要なんだ。

たとえば①式は…

$$t = \frac{1}{\lambda_8} \ln\left(1 + \frac{^{206}\text{Pb}^*}{^{238}\text{U}}\right) \qquad \cdots\cdots ⑤$$

と変形できる。

図 3.14 U-Pb 年代とその仲間

スコーダント（不一致・不調和）と表現します。コンコーダントなデータは2つの年代が一致しているので、年代として信頼性が高いことを示します。では、ディスコーダントなデータには意味はないのでしょうか？　じつは、ディスコーダントなデータに意味を見いだせることこそ、コンコーディア図の真骨頂なのです。

とくに高温型の変成岩のジルコンを測定すると、**ディスコーダントなデータが１本の直線上に並ぶことがあり**、この直線を**ディスコーディア**と呼びます。ディスコーディアはコンコーディアと**上方交点・下方交点**の２点で交わり、それぞれが形成年代、変成年代と解釈されます（**図3.15**）。

コンコーディア（赤線）：それぞれ X 軸と Y 軸に対応する年代が一致する線

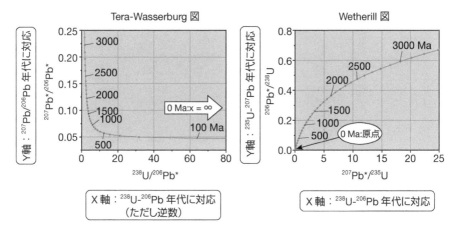

ディスコーディア（青線）：コンコーディアに乗らないデータが直線状に並ぶ場合、認識される直線。
2点（上方・下方交点）でコンコーディアと交わる。

たとえば形成年代 2000 Ma、変成年代 500 Ma の場合……

変成の際、Pb がまったく抜けなかったものは上方交点と一致、完全に抜けたものは下方交点と一致する。
中途半端に抜けたものは、交点間の直線上に並ぶんだ

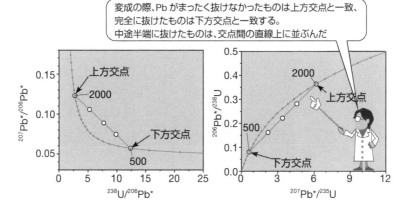

図 3.15 コンコーディア図とその原理

◆ 放射非平衡——若いジルコンの U-Pb 年代測定

　ところで、U は 1 回の放射壊変で直接 Pb になるわけではありません。^{238}U は 8 回の α 壊変（図 3.5a 参照）と 9 回の β 壊変を経て ^{206}Pb に、^{235}U は 7 回の α 壊変と 5 回の β 壊変を経て ^{207}Pb になります（**図 3.16**）。つまり、U と Pb との間には、多くの「中間生成物」があるのです。それらの中間生成物は U の壊変とともに増えていきますが、中間生成物自身も壊変するので、一定の時間が過ぎると、増えるスピードと減るスピードが釣り合って一定量を維持するようになります。その状態を**放射平衡**と呼びます。

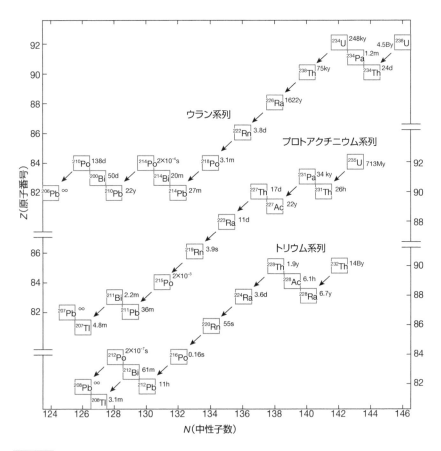

図 3.16　**ウラン・トリウム – 鉛の壊変系列と「中間生成物」**

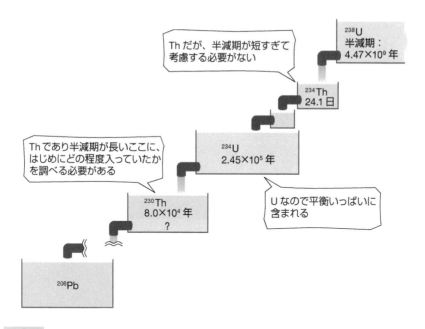

図 3.17　ウラン 238 とイオニウム

　U-Pb 壊変系列における中間生成物の大半は短半減期核種か、化学的にジルコンに含まれにくいものであるため、結晶時の含有量をほぼゼロとして問題ありません。しかし、結晶時にジルコンに含まれやすいうえに比較的半減期の長い、厄介な中間生成物もあります。Th の同位体であり「イオニウム」の別名をもつ ^{230}Th です。1 Ma を超える「古い」ジルコンの ^{238}U-^{206}Pb 年代測定にはほとんど影響しませんが、それより若い場合は ^{230}Th が放射平衡に達しておらず、年代値にも多少の影響をおよぼします。そういった、若いために ^{230}Th が放射平衡に達していないジルコンを、**非平衡ジルコン**と呼びます。非平衡ジルコンの U-Pb 年代を得るには、Th 同位体比（^{230}Th/^{232}Th 比）も測定し、結晶時に含まれていた ^{230}Th の量を見積もる必要があるのです（**図 3.17**）。
「チバニアン」のはじまりの年代は、白尾火山灰に含まれていたジルコンU-Pb 年代測定により 772.7 ± 7.2 ka（77.27 万年前）と決められました。当然、この年代値にも上記の補正計算が用いられています。

✎ Hf モデル年代

　Hf の同位体組成は、ルテチウム 176 （^{176}Lu）が ^{176}Hf に壊変し、^{176}Hf が増えることでつねに変化しています。全体的な考え方としては 3.2 節の Sm-Nd モデル年代と同様です。異なるのは、起源物質として CHUR を用いず、枯渇マントル（DM）のみを考える点です。Sm と Nd はともに希土類元素で化学的性質が似ており、地殻とマントルに比較的均等に分配されたため、起源物質として CHUR が存在しえます。しかし、Lu と Hf は化学的性質が異なるために、地球形成初期に地殻に Hf が、マントルに Lu がより明確に分配されました。よって、地球の岩石のモデル年代を考える際に CHUR は考慮されません。また、地球の岩石の Hf モデル年代を論じる際は CHUR の代わりに BSE（Bulk Silicate Earth：地球全体の珪酸塩）という用語がよく用いられますが、基本的

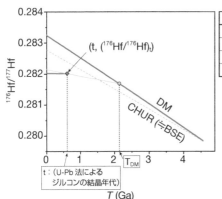

	^{176}Lu/^{177}Hf	^{176}Hf/^{176}Hf
枯渇マントル	0.0384	0.28325
CHUR	0.0332	0.282772
標準ジルコン GJ-1	0.000296	0.282022
地殻	0.0113	(^{176}Hf/^{176}Hf)crust

値は Matteini et al. (2010) による
壊変定数（λ）は 1.86×10^{-11} yr^{-1} を使用

ジルコンも微量の ^{176}Lu を含んでいるから、青い線もほんの少しだけ左上がりだよ。

※GJ-1 という標準ジルコン（609 Ma）の例

上のグラフにおいて、未知の値はジルコンを含んでいたマグマ（地殻で代表される）の
現在における Hf 同位体比のみ。
これを得るためには、ジルコンの Hf 同位体比から、時間 t の間にジルコン内で増えた分を引き、
地殻内で増えた分を足せばよい。よって、

$$\left(\frac{^{176}Hf}{^{177}Hf}\right)_{crust} = \left(\frac{^{176}Hf}{^{177}Hf}\right)_{zircon} + \left(\left(\frac{^{176}Lu}{^{177}Hf}\right)_{crust} - \left(\frac{^{176}Lu}{^{177}Hf}\right)_{zircon}\right)(\exp(\lambda t) - 1)$$

あとは、図 3.10 の式を応用すると、T_{DM} を計算可能。

図 3.18　ジルコンの Hf モデル年代

に同じ意味です。

ジルコンは、通常数％の（鉱物中の微量成分としては破格に多い）Hfを含みますが、Luをほとんど含みません。つまり、ジルコンは結晶時のHf同位体組成をほぼ保持し、それはジルコンの素となったマグマのHf同位体組成を保持しているとも言えます。マントルから部分溶融で溶け出す物質（≒地殻）のLu/Hf比はだいたい決まっているので、それにもとづいて逆算すると、そのジルコンが結晶したマグマ物質の由来がわかる、といった算段です。しかし全岩分析の場合とは異なり、ジルコンのHfモデル年代を求める際は、2段階成長モデルを適用する必要があります。ジルコンはHfを多量に含むので、$^{176}Lu/^{177}Hf$比は地殻と比べてもかなり低く、同位体成長曲線の傾きが「ジルコン内」と「マグマ全体」とで異なるからです（**図3.18**）。

ジルコンのHfモデル年代は、ジルコンという「形成年代がわかるうえに頑丈な容器」に守られているので、原生代より古い情報を正確に引き出せる、ということで近年注目されています。日本列島の岩石に関しては、翡翠の起源解明や砕屑性ジルコンの後背地の特定に役立つかもしれません。

3.4 変成付加体の堆積年代を見積もる

◢ 付加体の堆積年代は微化石で判明したが……

3.2節で述べたように、堆積岩の堆積年代を数値年代として直接求めることはできません。よって、示準化石に頼ることになりますが、付加体を構成する堆積岩は生物の乏しい深海で堆積するために、大型化石をほとんど含みません。そこで微化石が活躍することになります。

付加体には、異なる時代・異なる環境で形成された岩石が同じ地質体に混在するという特徴があります。おもに海山上に形成される石灰岩は、それ自体が大型化石を含む化石の塊なので、昔から堆積年代が求められてきました。深海で降り積もるチャートや大陸近縁で堆積する泥岩の堆積年代は、放散虫化石によって求めることができます。海溝から離れたところで形成される石灰岩やチャートは、付加体の中でも年代的に古い部類に入ります。付加する直前に堆積する砂岩については、堆積速度が速すぎるために微化石を含まず、堆積年代

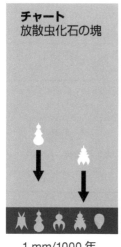 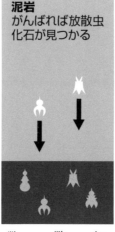 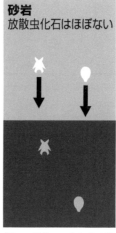

チャート 放散虫化石の塊	泥岩 がんばれば放散虫 化石が見つかる	砂岩 放散虫化石はほぼない
1 mm/1000 年	数 cm ≈ 数 mm/年	数 m/秒（のこともある）

図 3.19 堆積岩の堆積速度の違い。大洋のどこにでも放散虫はいるが、堆積速度が速いと、放散虫化石が含まれる割合が減る。

を直接求めることはできません（**図 3.19**）。ただし、その前段階で堆積する砂泥互層の泥岩中の放散虫化石により、付加直前の年代をほぼ決めることができます。

このように、付加体を構成する岩石は、微化石を中心とした化石で決めることができ、その形成史も明らかになっています。

ただし、日本列島の基盤のほとんどが付加体でなっているとはいえ、そのうちの約半分は高圧型変成岩で構成された「変成された付加体」です。変成岩の場合は、たとえその原岩が化石を含んだ堆積岩だったとしても、強い変形および鉱物の再結晶の影響により、その中の化石が原形をとどめていることは基本的にありません。よって、微化石年代学が発達した段階でも、変成された付加体からなる地質帯は、形成（堆積）年代に関して「暗黒地帯」でした（**図 3.20**）。

放射年代で変成岩の原岩の堆積年代を制限する

本来、放射年代測定では堆積年代を測ることはできません。なぜなら、堆積岩はさまざまな年代をもつ岩体が風化してできた砕屑物の「混ざりもの」なの

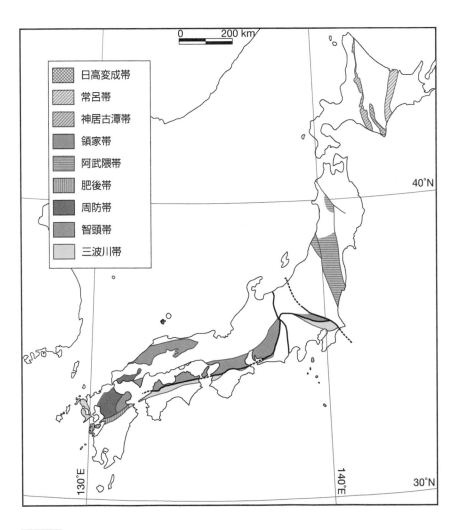

図 3.20　日本の変成帯

で、その（全岩）分析によって得られた年代も「混ざりもの」であり、意味をもちえないからです。しかし、砕屑物の粒子ひと粒ごとの年代が決められるならば、話は違ってきます。

　元は付加体であった変成岩も、砂岩がもととなった砂質片岩を含みます。砂質片岩を構成する鉱物は、その砂を供給した河川の流域に存在する岩石が風化することによってもたらされました。河川の流域にはさまざまな年代の岩石が露出しており、それらの砕屑物の集まりである砂岩の中には、さまざまな年代のジルコンが混じって入っています。このようなジルコンを総称して、**砕屑性ジルコン**と呼びます。さらに、日本列島は歴史を通じて基本的に火山活動が活発な場所であり、つねに新しい火成岩が形成されてきました。よって、砕屑物（砂）にも、新しい火成岩からもたらされた「できたてのジルコン」がつねに供給されていたはずです（**図3.21**）。つまり、砂岩を原岩とする変成岩に含まれる砕屑性ジルコンの年代を複数測定し、その中で最も若い年代が、原岩の堆積年代の（数値上の）上限を示すと考えることができるのです。つまり、砕屑性ジルコンの年代測定により、堆積年代を「決める」ことはできなくても、「制限する」（範囲を狭める）ことは可能なのです。なお、統計学的信頼性のため

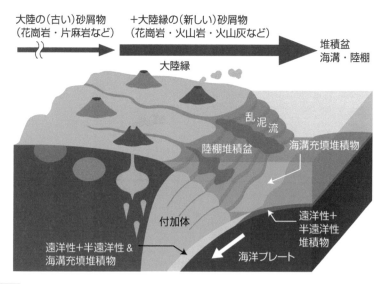

図3.21　砕屑性ジルコンには「できたて」が混じっている

には、できるだけ多数のジルコンの年代を測定することが望まれます。

　一方で、変成岩中の白雲母の K-Ar 年代で得られる変成岩の上昇年代（3.2節参照）は、堆積年代の下限と考えることができます。この理屈は簡単で、「変成作用は原岩形成に先立つことはありえない」からです。

　以上のように、堆積年代の上限と下限を制限することにより、変成岩の堆積年代をある程度見積もることができます。このような手法で、原岩形成年代の「暗黒地帯」のベールは、少しずつではありますが、はがされつつあります。

◆ 三波川帯——日本で初めてベールがはがされた暗黒地帯

　その成果が最初に得られたのが、三波川帯です。三波川帯は、世界で最もくわしく調査された低温高圧型変成帯のひとつで、関東山地から紀伊半島、四国中央部を通って九州東部の佐賀関半島までの、800 km におよぶ狭長な変成帯です。

　これは、付加体の一部がプレートの沈み込みによってさらに深くまで引き込まれることで形成された「変成された付加体」であり、その原岩は、ジュラ紀の付加体である秩父帯と同じものだと長らく考えられてきました。旧来考えられていた三波川帯の形成史は、以下のとおりです。

　①ジュラ紀後期～白亜紀最前期（150 ～ 140 Ma）に付加体の原岩が堆積
　②プレートとともに地下深部にまで沈み込み、約 120 Ma に変成
　③90 ～ 60 Ma にかけてゆっくりと上昇
　④約 40 Ma に地表に露出

　しかしここ 10 年ほどの間に、三波川帯の砂質片岩から後期白亜紀の砕屑性ジルコンが相次いで見いだされ、三波川帯のほとんどが後期白亜紀の付加体（四万十帯の北帯に相当）を原岩とすることが示されました（図 2.15 参照）。これにより、三波川帯の付加年代は白亜紀後期以降であることが確定しました。このことは、日本列島の構造を考えるうえでも大きなカギを握っています（10.2節参照）。

理想的には、ジルコンの結晶は無色透明です。しかし実際にはさまざまな色を呈し、赤や紫、褐色を呈するものが多く見られます（図3.11 参照）。また一見透明に見える結晶でも、よく見るとごく薄い黄色をしていることもあります。その色がもととなったのか、ジルコンの名前はペルシャ語の「金色」に由来すると言われます。

じつはこれらのジルコンの色は、成分などの化学的理由でついているわけではありません。UやThの放射壊変や、自発核分裂による結晶格子の欠陥にとらわれた電子が色中心になって発色しています（冨田, 1956）。よって、①U・Thの含有率が高い、②年代が古い、あるいは①②の両方の条件を満たしたものが「色つきジルコン」になるわけです。というわけで必ずとは言えませんが、色の濃さはジルコンの古さの「目安」として役に立ちます。

日本列島の
形成史

第II部では、現在考えられている日本列島の形成過程を、順を
追って紹介していきます。基本的には磯﨑・丸山（1991）、磯
﨑ほか（2010）、および磯﨑ほか（2011）などに則したもの
ですが、細かい部分では筆者の考えを反映させています。また、
最近得られた知見も付け加えています。

かつては、日本列島形成史は地向斜をもとに組み立てられてい
ました。1980年代に日本列島はプレートテクトニクスにもと
づいた付加体の集合体として認識されるようになり、1990年
代初めには、ある程度のまとめがなされました。そして2000
年以降、ジルコン年代学の隆盛によって新たな知見が多数もた
らされています。

これからも、新しいデータや観察事実が得られるたびに、日本
列島形成史は少しずつ更新されていくでしょう。よって、第I
部の内容は今後もさほど変わることはないとは思いますが、こ
の第II部で記述する事柄は、10年後にもそのまま通用するか
どうかは定かではない、というくらいのスタンスで読み進めて
いただけると幸いです。

4

「日本列島形成史」の形成史

「動かざること山の如し」（武田信玄：原典は孫子）という言葉が示すように、昔の人々は、山や谷はその場所に変わらず存在していたものと考えていたようです。日本では、大地は伊邪那岐命・伊邪那美命が創造したと考えられ、その真偽の科学的な追求もなされませんでしたし、そもそも日本には「科学」はありませんでした。地質学を含む科学は明治維新以降に西洋から持ち込まれ、欧米から招聘された地質学者や、彼らの日本人門下生が日本の地質学の基礎を築きました。そして、後にヨーロッパから持ち込まれた地向斜説にもとづき日本列島形成史が初めて体系的にまとめられたのは、1941年のことです。その後、地向斜造山論の隆盛が続きましたが、1960年ごろから提唱されはじめたプレートテクトニクスによって、転機を迎えることになりました。本章では、この「日本列島形成史」の形成史をいっきに振り返りましょう。

4.1 地質学のはじまりと地向斜

ここでは、ヨーロッパにおける地質学の起こりについて簡単に説明します。アルプスの峰々に地質学への着想を得たヨーロッパの学者らは、調査を進める過程でデータを蓄積し、地質学が体系立てられていきました。その結果、「山は昔からそこにあった」のではなく、「盛り上がって山になった」ことに気づき、その原動力を模索していくことになります。地球収縮説をはじめ、いくつもの原動力に関する説が出される中で、「地向斜」という沈降する堆積盆が考案さ

れました。

地球はいつできたのか？

　科学が発達する以前の人々は、天地は神がつくったと考えており、中世ヨーロッパでは聖書こそが正しいとされていました。1645 年にアイルランドのアッシャー大司教（J. Ussher; 1581 ～ 1656）は、聖書から天地創造の時期を「紀元前 4004 年 10 月」と読み解いたと言います。これは余談としても、科学的計算によって地球の年齢を初めて見積もったのはケルビン卿（Load Kelvin: W. Thomson; 1824 ～ 1907）でした。彼は、高温だった地球が現在の温度にまで冷えるのにかかる時間を求め（球体冷却モデル）、それを 2000 万年前後としました。一方、当時の地質学者は地層の厚さと堆積速度との関係から、地球の

アッシャー
大司教
（1654 年）

ワシが聖書の記述にもとづいて計算したところによると、地球が神によってつくられたのは紀元前 4004 年 10 月（つまり今から約 6000 年前）のこととわかったのじゃ！アーメン

できた当時高温だった地球が今の温度まで冷えたと仮定して、ワシが最新物理学にもとづいて計算した結果、地球ができたのは約 2000 万年前のこととわかったのじゃ！

ケルビン卿
（19 世紀後半）

昔の地質学者
（19 世紀後半）

そんなわけねぇだろ!? こざかしくわけのわからん式や記号並べやがって！ オレたちが地層の厚さと堆積速度から見積もると、地球はできてから数十億年 経っていないといけないんだよ！

地球の古い石や、隕石の分析を総合して考えると、地球は45.6 億年前にできて核は 44.5 億年前、大気は44.3 億 ~41.5 億年前ごろにできたと考えられている。そういった意味では地質学者の観察が正しかったということになるけど、ケルビンの冷却モデルも、後に発見された「放射性核種」からの熱を考慮すると、なかなかいい線いっていたんだよ。でも、地球がいつ、どうやってできたかというのは、細かい点については今でも議論が続いているんだ。

現代の科学者

図 4.1　**地球の年齢は？**　いろいろな時代の人々に聞いてみましょう。

年齢を数十億年と見積もっていました。

この齟齬の原因は当時未発見だった放射能です。地球に含まれる放射性核種の発熱を考慮して地球冷却モデルで計算し直すと、地球の年齢は数十億年以上との結果が得られるそうです（**図 4.1**）。

激変説と斉一説

地球全体から地表に目を移すと、そこかしこに山があります。ヨーロッパの中心部にはアルプス山脈がありますが、これらの山々に「海の生物の形をした石（＝化石）」があることは、古代ギリシャ時代以前から知られていました。海の生物の化石が高い峰々にある理由は、昔の人々にとっても関心事だったようです。

当初は「神の戯れでつくられた」と思われていた化石でしたが、17 世紀ごろには、「化石は昔の生物の痕跡」という考えが一般的になっていました。ただし当時は、大規模な天変地異（聖書の記述によると紀元前 2370 年ごろの「ノアの方舟」の洪水）で死んだ生物の痕跡だと考えられたのです。このように、「現世は一度の大洪水後につくられた」とする考えを**激変説**と呼びます。激変説を受け入れるならば、山の上に化石があるということは、洪水のころにはすでに「山はあった」ことになります。

少々時代が下ると、ハットン（J. Hutton; 1726 ～ 1797）は地質調査の結果から堆積作用・火成作用を説明し、地殻変動の存在を認めたうえで、"自然法則は過去から現在まで不変である"との考えを示しました。このような考えを**斉一説**と呼びます。産業革命以降、動力を用いた大規模な掘削工事が可能になり、山や運河の切削面に現れた地層を観察する機会が増えました。地層からはしばしば化石も産出し、地層の上下で化石の種類が変化することや、同じ化石が離れた複数地点で見つかることも認識されるようになりました。これらの事実をもとに、スミス（W. Smith; 1769 ～ 1839）は地質学の基礎となる「地層同定の法則」を提唱しました。

さらに化石の分類が進むと、地球上の生物はたびたび入れ替わってきたことがわかりました。「**激変」は、ただ 1 回のみの大洪水ではなく、たびたび起こっていた**ことが明らかになったのです。それまで激変と思われていた程度の変化は、しょせんは斉一の一部にすぎませんでした。海の生物の化石を含んだ地層

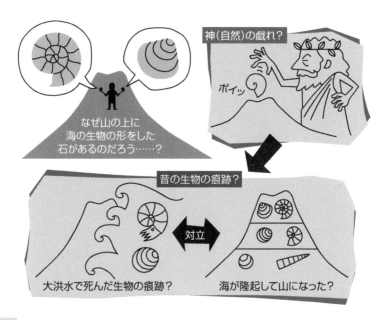

図 4.2 化石の解釈の変遷

が陸上や高山にあるということは、斉一説に沿うと、かつて海であったところが盛り上がって陸や山になった、つまり「山はできた」ということになります（**図 4.2**）。

山をつくる原動力と地向斜

「山はできた」と考えるとすると、「どうやってできたのか？」という問題が出てきました。ヒントになったのは、アルプスの峰々に見られる激しく褶曲した地層でした。その様子から、横からの圧力により曲がりながら隆起した、と想像することができます。19 世紀初めごろより、地球は誕生以来冷え続けていると考えられており、「地球が冷えるに伴って縮み、表面に『しわ』が寄った。この『しわ』が山脈である」という考えが生まれました。これを**地球収縮説**といいます（**図 4.3**）。

ところが、大山脈と呼ばれるものの多くは、海にたまった、厚さが数千 m から 1 万 m を超える地層でできています。しかも、それらの堆積環境（つま

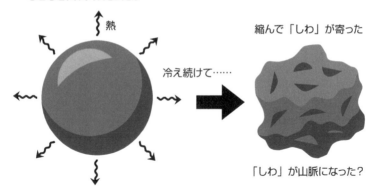

もともとツルツルだったが……

熱

冷え続けて……

縮んで「しわ」が寄った

「しわ」が山脈になった？

図 4.3 地球収縮説

りは堆積するときの水深）にはあまり変化が見られない、という特徴があります。

　そういった地層が堆積する場として、「沈降する堆積盆」という考えが生まれ、アメリカのデイナ（J. D. Dana; 1813 ～ 1895）によって発展させられました。彼は 1873 年、沈降する堆積盆に地球収縮による原動力を与えることにより、

　①収縮で生じたくぼみに堆積物がたまる。
　②収縮が進むと、たまった堆積物が押し出されることにより隆起し、山脈をつくる。

という過程を提案し、この沈降する堆積盆を**地向斜**と名づけました（**図 4.4**）。

　じつは地向斜にはさまざまな派生形があるのですが、日本の地質学に影響を与えたのはシュティレの「地向斜説」です。

　シュティレによると、地球表層の進化は、地向斜が大陸地塊（クラトン）に変化することの繰り返しであり、それを**造山輪廻**と呼びました。その過程は以下の 4 段階に分けられます（**図 4.5**）。

　①地向斜が沈降し、厚い堆積物がたまる。
　②沈降が進むと地向斜の底の地殻が割れ、玄武岩質のマグマが染み出して火

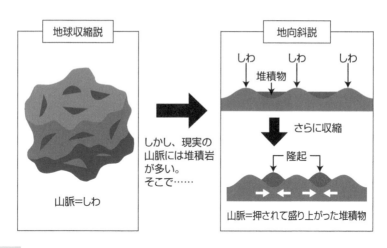

図 4.4　地球収縮説から地向斜説へ

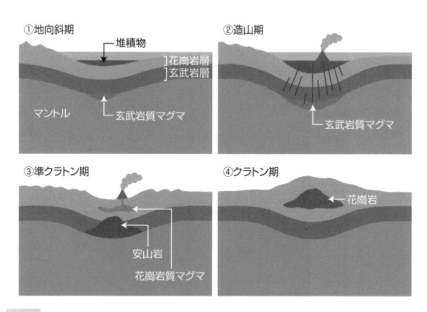

図 4.5　地向斜による造山輪廻

成活動が起こる。

③地向斜の中心部に花崗岩質マグマが貫入し、その周囲に対称に変成帯ができる。玄武岩質マグマと花崗岩質マグマが混合し、安山岩質の火成活動が起こる。地向斜は隆起に転じる。

④最終的な火成活動が起き、大陸地殻化する。

なお現在では、「地向斜」の厚い地層は、第 I 部で解説した付加体形成時のデュープレックス構造（2.1 節参照）の賜物と考えられています。

ちなみに、地向斜の形成とその後の隆起の原因に関しては、地球収縮説のほかにもさまざまな説が出されました。たとえば、マントル対流の下降流の上に地向斜が形成され、対流が変化すると上昇に転じる、はたまた、大陸移動で互いに近づく大陸間にたまった堆積物が衝突に伴って隆起する、といったものです。つまり、**プレートテクトニクス提唱以前の欧米においては、地質活動の原動力に関して中心となる説はなかった**のです。

4.2 日本における地向斜と造山運動の考え方

1930 年代中ごろにヨーロッパに留学した小林貞一（1901 ～ 1996）は、そのとき地向斜説に触れていたと思われます。彼は帰国後、日本列島の形成過程を地向斜説になぞらえてまとめ上げ、1941 年に出版しました（和訳・補筆版：小林 , 1951）。小林は、西南日本の地質証拠をもとに、古生代末から中生代初めの秋吉造山輪廻、中生代後期の佐川造山輪廻、新生代の大八洲地殻変動群の3 回の造山運動を想定しました（**図 4.6**）。それをもとに、日本列島は大陸側から太平洋側に向けて段階的に成長・陸化した、と考えたのです。この説を本書では**秋吉・佐川造山説**と呼ぶことにします。

1960 年代前半、日本の一部の地質学者たちにより、「地向斜は、地下でできた花崗岩の浮力によって独自に隆起して山脈に進化する」という思想が生まれました。この思想は、当時の日本の地質学界を実質支配し、後に**地向斜造山論**と呼ばれます。花崗岩の浮力という着想は日本オリジナルではありませんが、欧米ではあまり重視されなかったようです。その意味で、地向斜造山論は日本独

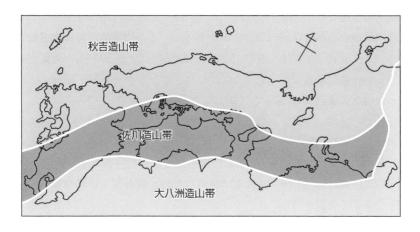

図 4.6 日本列島の段階的成長（秋吉・佐川造山説）

自のものであり、欧米の「地向斜説」とは異なるものといえます。そして、独自に隆起しうる原動力を内包した地向斜造山論は、プレートテクトニクス受容までの間、日本において地質活動を論じるうえでの中心を占めるにいたったのです。

　地向斜造山論における地向斜は、大陸縁の大陸地殻上にできるものとされて

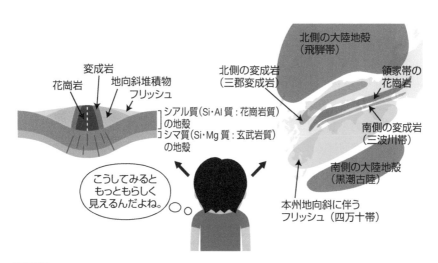

図 4.7 日本列島の基盤は「対称な」地向斜？（本州造山説）

いました。よって、地向斜の基盤をなす岩石は、花崗岩や片麻岩といった大陸性のものである必要があります。飛騨片麻岩は、見かけが朝鮮半島の片麻岩と類似しており、さらに放射年代（とはいっても Rb-Sr 全岩モデル年代：3.2 節参照）が 10 億年を超えることから、「先カンブリアの基盤岩」の典型とされました。また、各地に分布する「構造帯」に見られる変成岩類も、「基盤岩の断片」と考えられました。飛騨帯を地向斜の基盤と想定し、領家帯の花崗岩、三波川帯・三郡帯の変成岩を中軸にすることで対称性を確保した本州地向斜が、先の秋吉・佐川造山説を否定する形で提唱されました（**図 4.7**）。この説の詳細は市川ほか（1970）をご参照ください。なお、この説を本書では「**本州造山説**」と呼ぶことにします。

4.3 プレートテクトニクスの受容

　プレートテクトニクスの理論が確立されたころ、日本の地質学界では地向斜造山論が全盛期を迎えていました。そして、さまざまな理由により、日本でのプレートテクトニクスの受け入れは難航したと言います。しかし、新しい研究手法がもたらした新知見により、地向斜造山論は根拠を失いました。その後、新知見により判明したさまざまな矛盾を、プレートテクトニクスおよび付加体の概念は合理的に説明していきました。そうして、プレートテクトニクスは急速に支持を広めていったのです。

受容のきっかけは、付加体

　プレートテクトニクスが提唱された当時、秋吉・佐川造山説と本州造山説との争いはあったものの、日本の地質学界は地向斜造山論の最盛期にありました。それが足かせとなり、日本の地質学界でのプレートテクトニクスの受容は、欧米からじつに 10 〜 20 年ほど遅れたと言われます。

　欧米では、海洋底拡大説の提唱を受けて、有限の地球表面では海洋底が拡大し続けられないので、海洋底の消費される場所があるはずだと模索していました。プレートテクトニクスが確立されると、海溝はプレートの収束境界である

と認識されましたが、「プレートを構成する海洋地殻や上部マントルは比較的比重が大きいので、アセノスフェアに沈み込むことができる。では、プレート上の比重の小さい堆積物はどうなるのか?」という疑問が起こりました。

その疑問に答える形で、デューイとバード(Dewey and Bird, 1970)はそれまでの地質データを解釈し直すことにより、北米西岸をモデルとして「コルディレラ型造山帯」を提唱しました。これは、プレートの沈み込みによって大陸縁の火成活動が活発になり山ができる、という考えです。大陸縁の地質活動をプレートテクトニクスの視点から見直した最初の例でした。しかし、これに注目した日本の地質学者はごく一部で、大多数はいまだ地向斜造山論に囚われていました。

🖋 地向斜造山論に穿たれた「蟻の二穴」
——放射年代と微化石

地向斜造山論による日本列島の形成史は、当時得られる知識をもとにして考えると、今でも「なるほど」と思えるものです。しかし、新たな技術・手法による革新は迫っていました。

ひとつは、放射年代測定(3.2節参照)の普及です。その原理自体は20世紀初頭には考えられていましたが、1960年代に実用的な質量分析計が普及したことにより、比較的容易に年代測定ができる環境が整いました。

このころより、日本の岩石の放射年代も報告されはじめます。ところが、日本各地の変成岩や火成岩の放射年代を測定してみると、地向斜造山論にとって都合の悪い結果が多数出てきたのです。年代値を報告した側は、根拠を示してこれらの年代が目的とする値(変成岩なら変成年代、花崗岩なら形成年代)であることを説明しました。しかし地向斜造山論を推進する人々は、それらの説明を「解釈の余地のある年代など信用できない」などとして退けようとしました。とはいえ、大きなダメージになったことでしょう。彼らも「飛騨は先カンブリア(全岩モデル年代による結果)」などの、自らに都合のよい数字は積極的に取り入れていました。やはり完全に無視することはできなかったのです。

ふたつ目は、微化石(3.1節および3.4節参照)による年代決定です。示準化石をはじめとする大型化石は、生物の豊富な浅海性の堆積物には多く含まれます。一方、付加体を構成するチャート・泥岩・砂岩は生物の乏しい深海で堆

積するので、大型化石をほとんど含みません。そのため現在付加体とされている地質体の堆積年代は、当時は石灰岩中の示準化石によって決められていたのです。たとえば、ジュラ紀の付加体である秩父帯や美濃・丹波帯などは、石灰岩中の示準化石をもとに「古生層」と呼ばれていました。

　しかし、微化石の研究手法が発達した 1970 年代から、「古生層」のチャートや泥岩からもコノドント化石が見いだされるようになり、それらの多くが中生代のトリアス紀を示したのです。しかも、コノドントによる地層の対比をおこなうと、単純に地層累重の法則にそぐわない場合も多かったために、「古生層」の層序の大幅な組み換えが必要となりました。放射年代による「証拠」は、伝統的地質学から離れた手法であったために、都合が悪ければ無視することも可能でした。一方、微化石を用いた年代決定は、伝統的地質学の延長線上にあるため、単純に無視することはできなかったのです。

　さらに 1980 年代になると、放散虫による年代決定の手法が確立されました。放散虫はコノドントよりも大量に、幅広い地層から見いだされるために、その威力は絶大でした。結果的に、地向斜造山論に多くの穴を穿ちました。そして、組み換え後の層序の形成過程をより矛盾なく説明できる付加体に対する支持が増え、プレートテクトニクスの受容にいたったのです（**図 4.8**）。

　これらの過程は、日本の地質学界における事件として記憶されており、それぞれを指して「コノドント革命」「放散虫革命」と呼ぶこともあります。なお、プレートテクトニクスが日本国内で受容されるまでの顛末は泊（2008）にく

図 4.8　**看板はかけ替えられた**

わしくまとめられているので、興味のある方はそちらを参照ください。

◢ 新たな革命──ジルコン年代

3.3 節で紹介しましたが、現在の地質学界で猛威を振るっている「ジルコンU-Pb 年代」は、放散虫に次ぐ革命を起こしています。このジルコン年代がほかの年代測定法よりも優れている点は、3.3 節に列挙したとおりです。

その特長は簡単に言うと、ほかの年代測定法に比べて「想定外」のデータに対する「言い訳」が難しいうえに、測定対象が多く、さらに測定も手軽ということです。

ジルコンのもたらした革命は具体的には、まずジルコンの結晶した年代からの火成岩類や凝灰岩の形成年代の決定が挙げられます。また、3.4 節で紹介した砕屑性ジルコンを用いた堆積岩（および堆積岩起源の変成岩）の堆積年代の見積もりや、砕屑物の供給源の推定に威力を発揮しています。革命は今もって進行中なのです。

4.4 黒潮古陸と親潮古陸──似ているようで違うもの

◢ 黒潮古陸──地質学者が見た "幻"

地向斜造山論において、地向斜の基盤は大陸地殻と考えられていました。そんな折の 1960 年代に、四万十帯の地層よりオルソクォーツァイトの礫が多数発見されました。**オルソクォーツァイト**とは、石英が 95 ％以上を占める石英砂岩のことです。大陸性の岩石が風化・運搬されるうちに、石英以外の鉱物が風化によりほぼなくなり、そのような砂が固まってオルソクォーツァイトをつくります。その砂の形成には長い運搬距離に見合った大河川が必要なので、オルソクォーツァイトは「大陸地域にしか存在しない岩石」と考えられています。オルソクォーツァイト礫を含む四万十帯の地層の古流向[1]を調べると、南から供給されたと考えられるものが少なからずあることがわかったのです。

※1　古流向：地層に残された、堆積当時の水流の向き。

図 4.9 黒潮古陸をめぐる議論の顛末

　以上より、四万十帯の南側にオルソクォーツァイト礫の供給源である「大陸」が存在していたとされ、**黒潮古陸**と名づけられました。この「発見」は、本州地向斜の大陸性基盤が飛騨帯から太平洋側まで続いていることを示唆するものと考えられました（図 4.7 参照）。

　しかし、その後の海洋掘削調査の結果、南海トラフ付近に大陸地殻の存在した証拠は微塵も見いだされませんでした。さらに古地磁気の研究により、古第三紀以前の日本は大陸縁に存在し、日本海の形成により引きはがされて現在の位置に移動したことが明らかになりました（第 7 章参照）。つまり、オルソクォーツァイト礫は単純にアジア大陸から供給されたと考えることができるのです。なお、四万十帯は北傾斜に付加したため、古流向が見かけ上北向きとなるのは、べつにおかしなことではありません。このようにして黒潮古陸の存在は、すべ

図4.10 親潮古陸の顛末──広まる誤解

ての根拠を喪失することで、1980年代後半にはなかったことにされてしまいました（**図4.9**）。

親潮古陸──海洋学者が見た陸の"影"

　一方、1977年におこなわれた八戸沖の日本海溝西側斜面の掘削調査の結果、上部白亜系の上に石英安山岩の角礫からなる基底礫岩が見いだされ、大規模な不整合が存在することがわかりました。不整合の存在は陸上で風化・削剥された履歴を示します。その上位の漸新統砂岩の存在と併せて考慮すると、この周囲は古第三紀のある時期から終わりごろにかけて石英安山岩質の火成活動を伴う陸があったと考えられ、**親潮古陸**と名づけられました（奈須ほか, 1978）。

しかし、この不整合のある場所は、水深 1600 m あまりの海底からさらに 1000 m 地下、合計すると海面下約 2600 m におよびます。では、なぜ親潮古陸はここまで深く没してしまったのでしょうか？

　親潮古陸付近に火成活動があったとすると、現在の海溝からは距離が近すぎます。逆に、火山フロントがこの位置にあったとすると、当時の海溝はもっと東になければなりません。これらの事実を総合し、いくつかの説が考案されました。その中には**古第三紀末の海溝と現在の海溝との間にあった地質体は構造浸食で失われ、海溝は陸側に前進し、その影響で親潮古陸も沈降し海に没した**、という現在の解釈につながるものもありました。しかしながら、地向斜造山論者がこの話を聞きつけ、不幸なことに「東北日本にも黒潮古陸と同様のモノが発見された！」と（早とちりかわざとか）喧伝したことで、残念ながら現在でも「親潮古陸も黒潮古陸と同様に地向斜造山論の遺物」と、誤解している人は多くいます（**図 4.10**）。

　ここで、今一度筆者が強調したいのは、**海洋掘削調査で否定された黒潮古陸とは逆に、親潮古陸は海洋掘削調査で見いだされたものであり、現在でも存在を否定されていない、むしろ重要性は増している**、ということです。現在では、（当時はまだ一般的ではなかった説である）日本海の拡大に伴って親潮古陸の海洋側が構造浸食を受けて沈降したと同時に、火山フロントも見かけ上陸側に移動した、と考えられています（図 2.14a 参照）。動いたのは、海溝というよりもむしろ日本列島のほうだったわけです。

　どの時期をもって「日本列島の誕生」とするかに関しては、いくつかの意見があり、それらはどれも「正しい」ものです。ひとつは、日本海の形成とともに大陸から分離したことをもって誕生とするもので、このとき列島になったことを考えればもっともな意見です。しかし本書では、「プレート収束境界での成長」という点に重きを置き、大陸縁での沈み込みの開始、およびそれに伴う地質体の形成が起こったとされる時期（約6億年前？）をもって「日本列島の誕生」とします。

　古事記の冒頭部に、このような記述があります。

" ここに天つ神諸の命もちて、伊邪那岐命・伊邪那美命二柱の神に、このただよへる国を修め理り固め成せと詔りて、天の沼矛を賜ひて、言依さしたまひき。かれ、二柱の神天の浮橋に立たして、その沼矛を指し下ろして書きたまへば、鹽こをろこをろに書き鳴して引き上げたまふ時、その矛の末より垂り落つる鹽、累なり積もりて島と成りき。これ淤能碁呂島なり。"

　要約すると、「イザナギ、イザナミの二柱の神が空から矛で海をかき回して引き上げたら、矛の先から滴った塩がたまってオノゴロ島という島ができた」という内容です。神話の上では、このオノゴロ島が、日本最初の島という扱いになっています。では、科学的見地からの「オノゴロ島」は、どのようなものだったのでしょうか？

5.1 受動的大陸縁から活動的大陸縁へ

受動的大陸縁の時代

「将来、日本列島が形成される大陸縁」は、ロディニア超大陸の分裂によって新たに形成された海洋底と分離した南中国地塊との間にありました。ただし、分裂後しばらくは受動的大陸縁（1.5 節参照）でした。大陸地殻と海洋地殻の境目付近には、大陸から供給された堆積物が整然層をなしていたものと思われます（**図 5.1**）。しかし、その痕跡はすべて失われてしまったらしく、現在は

(a) ロディニア超大陸分裂後（約 600 Ma）の大陸配置。南中国はオーストラリアや南極の近くにあった!?

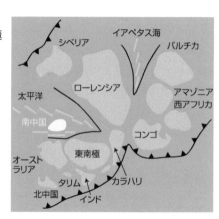

(b) 分裂後の大陸縁

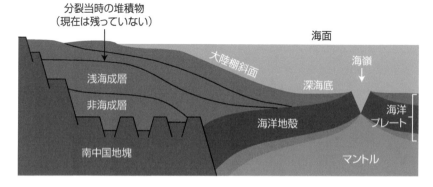

図 5.1 受動的大陸縁の時代

どこにも見ることはできません。なお、日本地質学会が監修して発行された「一家に1枚　日本列島7億年ポスター」(「科学技術週間」Webサイト〈https://stw.mext.go.jp/〉よりダウンロード可能)は、ロディニア超大陸の分裂後の受動的大陸縁の形成をもって「誕生」としています。

活動的大陸縁への転換——付加体形成の開始

　南中国地塊の縁にあった受動的大陸縁が活動的大陸縁へと変化したのは500 Ma以前、600 Ma前後と見積もられています。その理由のひとつとして、日本列島および近辺の花崗岩の中で、最も古いものの形成年代が500 Maを超えることが挙げられます。花崗岩質のマグマはプレートの沈み込みによって形成されます。したがって、これらの花崗岩の存在は、500 Maにはすでに沈み込みによる火成活動が起きていたことを示唆するものです。

　また、糸魚川付近に産する翡翠に含まれるジルコンのU-Pb年代が約520 Ma、Hfモデル年代(3.3節参照)が580 Maを示すことからも推察されます。翡翠(翡翠輝石)は従来、かなりの高圧下で曹長石が分解してつくられると考えられていました(図2.4参照)。しかし、最近の研究で、その多くは通常のプレート沈み込みによる圧力程度の高圧下での熱水活動によって形成されたことがわかっています。つまり、520〜580 Maの年代をもつ翡翠輝石岩の存在は、このときすでにプレートの沈み込みが開始されていた可能性を示唆するのです。

　上記の事象を総合すると、遅くとも500 Maにはすでに、プレート沈み込みによる火成作用と、沈み込み帯深部における変成作用が存在していたことが想定されます。また、日本列島の堆積岩には520〜400 Maの砕屑性ジルコンが多く含まれる場合もあるので、「日本列島」の砕屑物の供給元(後背地)には、このような古生代初期の花崗岩がある程度分布していたものと考えられています。

　できはじめの「日本列島」を構成する岩石は、この520〜400 Maの花崗岩と、それに付随する堆積岩であったと考えられます(**図5.2**)。また、南部北上帯や黒瀬川帯のシルル紀〜デボン紀砂質岩から得られた砕屑性ジルコンは、大陸起源の520 Ma以前の古いジルコンを顕著に含んでいるために、堆積した場所としては大陸縁が想定されます。

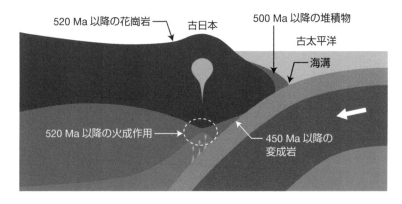

図 5.2　日本形成初期の断面図

　　よって、**日本列島の形成は、600 Ma ごろに活動的大陸縁に転換した南中国地塊の大陸縁ではじまったと推定することができます。**現在の日本列島の周囲には北中国・南中国・ブレヤの 3 つの大陸地塊がありますが、なぜ南中国地塊なのかに関しては後述（6.1 節参照）します。

5.2　さまざまな「日本最古」

　　日本列島には地質学上の、いくつかの「日本最古」が存在します。これらはだいたい、日本列島形成初期のイベントにまつわるものなので、ここで一挙に紹介します（**図 5.3**）。

日本最古の化石（1990 年代後半発見）：
　　岐阜県高山市奥飛騨温泉郷岩坪谷の「飛騨外縁帯」に属する地層（凝灰岩）から見つかったコノドント（3.1 節参照）で、**古生代オルドビス紀中期〜後期（472 〜 439 Ma）** のものとされています（束田・小池 , 1997）。最近の年代測定（ジルコン U-Pb 年代）によると、この地層が堆積したのは 472 ± 17 Ma とするデータもあります（中間ほか , 2010）。古い岩石はなんらかの変成作用を被っていることが多いので、化石を産する「純粋な（変成を被っていない）堆積岩」と

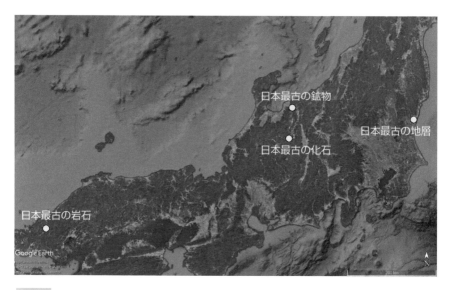

図 5.3 「日本最古の〇〇」の場所（Google Earth をもとに作成）

しては日本最古といえます。

日本最古の地層（2008 年発表）：

　茨城県常陸太田市長谷町に日立変成岩と呼ばれる地質体があり、ここで日本最古の地層が発見されました。日立変成岩は、層序的に下位から西堂平層、玉<ruby>簾<rt>だれ</rt></ruby>層、赤沢層、大雄院層、鮎川層の 5 つの層からなります（**図 5.4**）。最上位の鮎川層からはペルム紀のフズリナ化石、大雄院層からは前期石炭紀の珊瑚化石が得られていましたが、それより下位の地層の年代は不明でした。

　「日本最古の地層の発見」の顛末は多少複雑なので、時系列を追って説明します。

　まず、最初の発表（2008 年）によると、赤沢層は日本最古のカンブリア紀の地層である、とのことでした。その根拠は、赤沢層に貫入する花崗斑岩から 506 Ma のジルコン年代が得られたために、これより古いと考えられるからです。その内容は、2010 年に論文になっています（田切ほか, 2010）。

　その後、2011 年の春の論文（Tagiri et al., 2011）により、玉簾層の角閃石片麻岩から 507 Ma、西堂平層の長石質片岩から 510 Ma のジルコン年代が報告されました。西堂平層の長石質片岩の原岩は凝灰岩と解釈され、さらに層序的

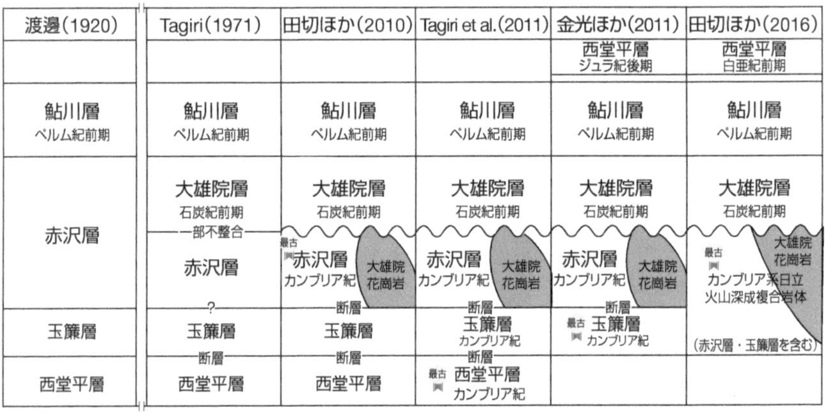

渡邊(1920)	Tagiri(1971)	田切ほか(2010)	Tagiri et al.(2011)	金光ほか(2011)	田切ほか(2016)
				西堂平層 ジュラ紀後期	西堂平層 白亜紀前期
鮎川層 ペルム紀前期	鮎川層 ペルム紀前期	鮎川層 ペルム紀前期	鮎川層 ペルム紀前期	鮎川層 ペルム紀前期	鮎川層 ペルム紀前期
赤沢層	大雄院層 石炭紀前期 ―部不整合― 赤沢層 ―?―	大雄院層 石炭紀前期 赤沢層 カンブリア紀 大雄院 花崗岩 ―断層―	大雄院層 石炭紀前期 赤沢層 カンブリア紀 大雄院 花崗岩	大雄院層 石炭紀前期 赤沢層 カンブリア紀 大雄院 花崗岩	大雄院層 石炭紀前期 大雄院 花崗岩 カンブリア紀 日立 火山深成複合岩体 (赤沢層・玉簾層を含む)
玉簾層	玉簾層	玉簾層	玉簾層 カンブリア紀	最古 玉簾層 カンブリア紀	
西堂平層	西堂平層	西堂平層	最古 西堂平層 カンブリア紀		

図5.4 日立変成岩の区分と「最古の地層」の変遷

に最下位であることから、この段階で、西堂平層が510 Maの「日本最古の地層」に躍り出たのです。

　ところが、同じ2011年の秋の論文（金光ほか, 2011）で、砕屑性ジルコン年代により西堂平層の堆積年代がジュラ紀（以降）であることが判明します。これにより西堂平層は日本最古の座から陥落し、この段階で玉簾層が「日本最古の地層」になりました。

　2016年の論文によると、**玉簾層と赤沢層がカンブリア紀の地層**であり、西堂平層は前期白亜紀とされています。紆余曲折が激しいですが、2021年現在も、日立変成岩の一部が「日本最古の地層」ということになっているようです。

　玉簾層と赤沢層は強い変成作用を受けているので、残念ながら、今後も化石が発見されることはないと思われます。ともあれ、現状の解釈が正しいとすれば、日立変成岩は「日本列島形成初期の断片」、神話の表現を借りれば「科学的に解明されたオノゴロ島の断片」のひとつと言えるでしょう。

日本最古の岩石（2019年発表）：

　島根県津和野町の舞鶴帯相当とされるペルム紀の地層と北側のジュラ紀付加体との間に狭長に分布する花崗岩複合岩体から、**約2500 Ma**に形成され、約1840 Maに変成を被ったと思われる花崗岩質片麻岩が発見されました（木村ほか, 2019）。これらの年代は、ジルコン年代が示すディスコーディアの上方交点および下方交点より求められています（**図5.5**）。

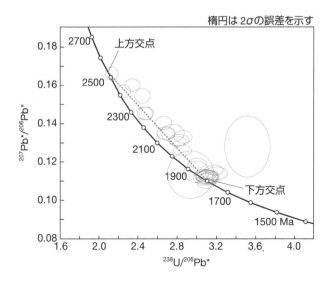

図 5.5 「日本最古の岩石」ジルコン年代のコンコーディア図（木村, 2019 の図をもとに作成）

　これまでは、岐阜県七宗町の美濃帯（ジュラ紀付加体）中の「上麻生礫岩」に含まれる約 2000 Ma に形成された片麻岩礫、いわば「石ころ」が日本最古の岩石でした。2019 年に発表された 2500 Ma の岩石は、地質体に組み込まれた「岩体」として存在しています。

　なぜ、このように古い岩体が本州の只中（ただなか）に組み込まれているかについては、これから大いに議論の的になると思われます。

日本最古の鉱物（2010 年発表）：

　富山県黒部市宇奈月地域の花崗岩中のジルコンが、日本で報告された中で最も古い 3750 Ma を示して「日本最古の鉱物」となりました。

　宇奈月地域の 2 つの花崗岩試料から多数のジルコンの粒を取り出して年代を測定したところ、花崗岩自体ができたときに結晶した角ばったジルコンは、それぞれ 229 ± 8 Ma と 256 ± 2 Ma を示しました。ところが、これらの花崗岩は、ほかの堆積岩などから取り込んだもの（捕獲物質）として、古くて丸いジルコンも多量に含んでいました。そして、それらの丸いジルコンは、角ばったジルコンよりはるかに古い年代を示したのです。片方の（角ばったジルコンが 229 Ma を示した）試料では 1937 Ma を中心とした年代を示し、もう一方

CHAPTER 5　産声〜幼少期 | 123

の（角ばったジルコンが 256 Ma を示した）試料は、1900 Ma 代の年代のジルコンをまったく含まず、3500 Ma より古いものを中心に含み、最も古い粒は 3750 Ma を示しました（Horie et al., 2010）。

　これらの花崗岩を形成したマグマは温度が低く、さらにジルコニウム（Zr）を比較的溶かしにくい組成だったことがわかっています。そのために、マグマ上昇中に周囲の堆積岩などに含まれていた古いジルコンが溶けきれずに、マグマに取り込まれたと考えられます。堆積岩に含まれるジルコンは、運搬作用時に転がることにより角が摩耗し、丸みを帯びていることが一般的です。よってこれらの花崗岩中の丸いジルコンは、もともとは古い時代の「砂粒」であったと考えることができます。

　なお、その後同じ岩石のジルコンをさらに分析した結果、**3812 Ma** 前後を示す複数のジルコン粒子の年代が報告され（2018 年）、最古の鉱物の年代は更新されています（Horie et al., 2018）。

6 「大きな挫折」と成長期

　南中国地塊の端で一進一退しながらも付加体が形成されていましたが、それとは別次元のところで大事件が起こってしまいます。大陸漂移の結果、南中国地塊と北中国地塊とが衝突したのです。南中国地塊が北中国地塊の下にもぐり込むように衝突した結果、それまで成長してきた付加体は、大部分がバラバラになってしまいました。現在の日本列島に、このペルム紀後期ごろの衝突以前に形成された地質帯が少なく、しかも断片的にしか存在しないのは、このためだと思われます。本章では、付加体がバラバラにされた「挫折」と、その後の「成長」を解説します。

6.1 一大イベント——南北中国の衝突

大陸は「小さな大陸」の寄せ集め

「小さな大陸」とは形容詞が相殺して変な表現なので、「大陸片」という名詞をつけておきます。英語では massif、block、craton などが代表的な呼び方ですが、それぞれに大きな意味の違いはありません。大陸片は離合集散を繰り返し、その都度大陸を、そして超大陸を形成してきました。ペルム紀後期ごろは、超大陸パンゲアの形成末期にあたり、このときに現在の東アジア一帯の大陸片が集合して互いに衝突・結合していきました。北中国地塊および南中国地塊もその一部です。つまり、広大なユーラシア大陸も、大陸片の寄せ集めでできているのです（**図 6.1**）。

図 6.1 東アジアを構成する大陸地塊。現在の大陸も大陸片の寄せ集めである。

　ユーラシア大陸を構成する大陸片は、280 Ma ごろから集まりはじめ、順次衝突していきました。日本列島の母体となる付加体を縁に従えた南中国地塊も、衝突した大陸片のひとつでした。付加体が形成されていたのとは反対側の大陸縁が、北中国地塊の下にもぐり込むように衝突したと考えられています。その痕跡は秦嶺（Qinling）−大別（Dabie）縫合帯、蘇魯（Sulu）縫合帯と続いており、その東方延長は朝鮮半島の臨津江（임진강:Imjingang）帯、沃川（옥천:Ogcheon）帯へと続いています（**図 6.2**）。

　大陸衝突の境界には、しばしば超高圧型変成岩が露出します。これは、沈み込む大陸片とともに上盤側の大陸片の底まで持ち込まれた堆積岩などの岩石が、大陸衝突に伴う圧力と上盤の大陸片の地圧も相まって超高圧の変成作用を被ったものです。岩石内の炭素が結晶化した、微粒のダイヤモンドを含むものもあります。また、沈み込みを伴う大陸衝突は火成作用も伴うため、それほど深くまで沈み込まなかった岩石は温度・圧力ともにある程度上昇し、中圧型変成岩になると考えられています。秦嶺−大別縫合帯には、このようなダイヤモンドを含む超高圧型変成岩が露出しています。その変成年代が 230 Ma であるため、南北中国地塊の衝突は 230 Ma ごろと考えられてきました。

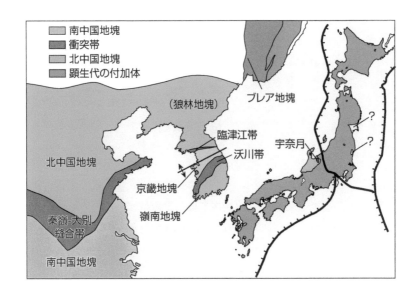

凡例
□ 南中国地塊
■ 衝突帯
□ 北中国地塊
■ 顕生代の付加体

（狼林地塊）
ブレア地塊
北中国地塊
臨津江帯
沃川帯
宇奈月
京畿地塊
嶺南地塊
秦嶺-大別
縫合帯
南中国地塊

図6.2 南北の中国とその境界（大森ほか，2011 にもとづく）

北中国地塊と南中国地塊の違い

　南北中国地塊は、構成する岩石の年代が異なります。北中国地塊は、2000 〜 1800 Ma および 2500 Ma の古い岩石を主とし、その東北部にはさらに古い 3500 Ma を超える岩石が一部分布しています。一方、南中国地塊は 1000 〜 700 Ma（新原生代）の年代をもつ岩石の存在が最大の特徴です。ただし、500 〜 450 Ma 前後や 2000 〜 1800 Ma の岩石、およびさらに古いものも存在します。しかし、これまで 3200 Ma を超える年代の報告はありません。北中国地塊の東側に結合したブレヤ地塊は、500 〜 300 Ma を中心とした年代組成をもっています。

　このように、日本周辺の大陸片は年代的特徴をもっているために、砕屑物がどの大陸片から供給されたかを、ある程度推定することができます。とくに 1000 〜 700 Ma の年代をもつ岩石の存在は、南中国地塊の影響を受けたことの証拠になります。

朝鮮半島における南北中国地塊

　朝鮮半島の地質体は、北部の狼林（랑림〈北〉：Rangrim・낭림〈南〉：Nangrim）地塊、臨津江帯を挟んで中部の京畿（경기：Gyeonggi）地塊、沃川帯を挟んで嶺南（영남：Yeongnam）地塊という分布をしています。構成岩石年代も考慮すると、一見、京畿地塊は南中国地塊に、狼林・嶺南地塊は北中国地塊に属しており、その間に中圧型変成帯である臨津江帯・沃川帯が挟まっているように見えます。昔は大陸地塊の衝突境界は高角度断層であると思われていたために、「なぜ、真ん中に南中国地塊が挟まっているのか」というのがひとつの謎でした。最近では、狼林・嶺南地塊の下に低角でもぐり込んだ京畿地塊が下から地窓状（10.2 節参照）に地表に現れている、と考えられるようになってきました（**図 6.3**）。

　また、沃川帯は変成作用が弱く年代が不明瞭ですが、臨津江帯の中圧型変成岩からは 253 Ma という変成ジルコン年代が得られています。これは、中国中央部の超高圧型変成岩から得られた約 230 Ma という年代より明らかに古いです。一方で、京畿地塊の南端部にあたる洪城（홍성：Hongseong）複合岩体の蛇紋岩中のブロックとして、約 230 Ma の変成年代をもつエクロジャイトが発見されています。エクロジャイトとは、おもに単斜輝石と柘榴石からなる岩石で、かなり高圧の条件でできる高圧型変成岩です。

　高圧下で形成されるエクロジャイトと比較的地表近くで形成される中圧型変成岩との変成作用のタイムラグ（約 20 Myr）は、何を意味しているのでしょ

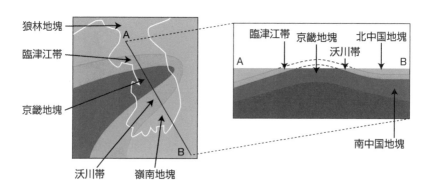

図 6.3　南中国地塊は北中国地塊の下に沈み込んでいる——朝鮮半島の例

うか？　これは、沈み込んだプレートがエクロジャイトの形成される温度・圧力条件に達するまでに 20 Myr かかった、ということです。それらの事実を踏まえると、南北中国地塊の衝突自体は、中圧型変成岩の変成年代が示す 253 Ma より少し前からはじまっていた、と考えられます。

🪶 日本列島に残る南北中国衝突の断片

　さらに、日本にも中圧型変成岩とされるものがわずかながら存在します。それは、衝突帯の「断片」と考えられていますが、その中でも確実に中圧型変成岩と言えるのは、飛騨帯の東縁にある宇奈月変成岩のみです。原岩は砕屑岩と石灰岩のほかに、石英長石質岩が整合に堆積した大陸棚の堆積物であり、とくに石英長石質岩は酸性凝灰岩と考えられています。しかし宇奈月変成岩の変成年代は、後に貫入した花崗岩の熱などの影響のため、直接測定することはできませんでした。

　石英長石質岩のジルコン年代を測定したところ、258 Ma を示しました。これは原岩の堆積年代であるとともに、変成年代が 258 Ma よりも若いことを意味します。一方、宇奈月変成岩を捕獲岩（ゼノリス）として含む花崗岩体の形成年代は 253 Ma でした。これは、253 Ma には宇奈月変成岩の変成は終わっていたことを示しています。つまり、宇奈月変成岩が中圧型変成作用を受けた時期は、258 Ma と 253 Ma の間に拘束されるのです（**図 6.4**）。この年代は、韓国の中圧型変成帯である臨津江帯の変成ジルコンの年代（前項参照）とよい一致を示し、宇奈月変成岩が南北中国衝突帯の延長であるとする考えを支持します。

　なお、飛騨片麻岩の変成年代は宇奈月変成岩よりも若い 247 Ma であることがわかっています。宇奈月変成岩は、飛騨片麻岩の上に堆積した堆積岩が飛騨

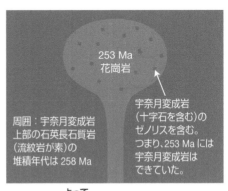

よって、
253 Ma ＜変成＜258 Ma

図 6.4 　**宇奈月変成岩の変成年代を制限するもの**

帯と同じ変成作用を受けたものとして扱われることがありましたが、年代学的には、この考えは今や成り立ちません。

日本列島の古い付加体はなぜ南中国起源？

現在の日本列島は北中国地塊に近接しているように見えます。日本海の隠岐島後には片麻岩が露出していますが、ジルコン年代から推察される原岩の形成年代、全岩モデル年代や各種同位体組成は、朝鮮半島の嶺南地塊（北中国地塊の一部）との共通性を示しています。よって日本海形成以前は、日本列島の付加体に最も近い大陸片は北中国地塊であり、日本列島が付加していた大陸片も北中国地塊だと考えられてきました。

ところが今では、古生代の付加体は南中国地塊の縁で形成された、とする考えが優勢になっています。その理由として、おもに次の3つが挙げられます。

①付加する先が北中国地塊であった場合、付加体は南中国地塊の衝突境界となるため、隆起・削剥されてなくなってしまうはず。

②また、残ったとしても、衝突以前に形成された付加体は全体的に衝突による中圧型の変成作用を被るはず（実際には、そのような証拠は見つからない）。

③衝突以前（ペルム紀以前）に形成された堆積岩中の砕屑性ジルコンの年代分布は、南中国起源であることを示唆している（1000 ～ 700 Ma のジルコンを含むため）。

そこで、日本列島をつくる付加体があった部分が南中国地塊の端に近く、衝突に伴い南中国地塊の端部分が北中国地塊の下に全没したと考えると、説明をつけることが可能です（**図6.5**）。なお、**衝突以前に形成された付加体は地塊の衝突の影響で構造浸食を受け、断片化した**ものと思われます。その結果、断片化した付加体の構成岩石（おもに付加体深部の変成岩）は、マントル物質が変質して形成される蛇紋岩ですき間を埋めるような構造（蛇紋岩メランジュ）になったと考えられます。これらは、現在の三郡－蓮華帯や黒瀬川帯などに見ることができます。

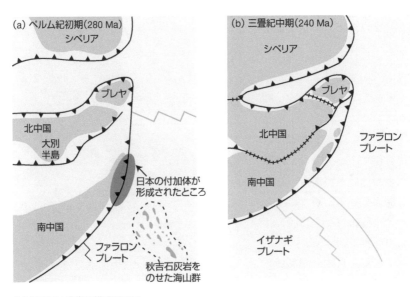

(a) ペルム紀初期 (280 Ma)
シベリア

ブレヤ

北中国
大別半島

日本の付加体が
形成されたところ

南中国

ファラロンプレート

秋吉石灰岩を
のせた海山群

(b) 三畳紀中期 (240 Ma)
シベリア

ブレヤ

北中国

ファラロンプレート

南中国

イザナギプレート

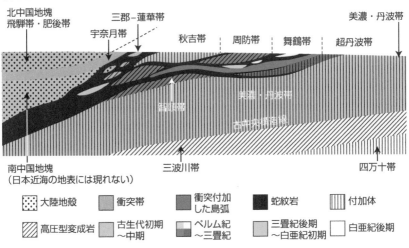

(c) 西南日本内帯の模式断面図

北中国地塊
飛騨帯・肥後帯

宇奈月帯

三郡–蓮華帯

秋吉帯　周防帯　舞鶴帯　超丹波帯

美濃・丹波帯

美濃・丹波帯

南中国地塊
（日本近海の地表には現れない）

三波川帯

四万十帯

| ⬚ 大陸地殻 | ▨ 衝突帯 | ▨ 衝突付加した島弧 | ■ 蛇紋岩 | ▥ 付加体 |
| ▨ 高圧型変成岩 | ▨ 古生代初期〜中期 | ▨ ペルム紀〜三畳紀 | ▨ 三畳紀後期〜白亜紀初期 | □ 白亜紀後期 |

図 6.5 南北中国の衝突と西南日本内帯の地質帯（磯崎ほか，2010 にもとづく）

南中国地塊はもっと大きかった？──「南中国圏」

西南日本の古生代（南北中国地塊の衝突以前）の堆積岩や変成岩は、南中国地塊の特徴である 1000 ～ 700 Ma を示す砕屑性ジルコンを含む場合が多いため、南中国由来と考えられています。西南日本は、近傍に東シナ海の大陸棚や京畿地塊などの南中国地塊が存在しているため、この考えは比較的抵抗なく受け入れられています。

近年、東北日本の南部北上帯の古生代浅海性砂岩からも、南中国由来の年代の砕屑性ジルコンが見いだされました。しかし、現在の南部北上

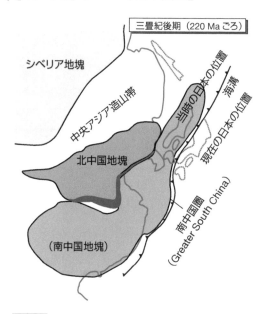

図 6.6 　**南中国圏の範囲**（Isozaki et al., 2014 にもとづく）

帯の近傍には、南中国に属する地塊は存在しません。この結果をもとに、古生代当時の東北日本近辺にも南中国地塊の延長が存在し、そして現在では削剥されてなくなっている、と考えられました。Isozaki et al. (2014) は、この「かつて存在した部分も含めた、大きな南中国」を Greater South China と名づけています（**図 6.6**）。この名称は、政治・経済用語である「中華圏（Greater China）」をもじったものと思われ、日本語にするならば「南中国圏」とでも呼ぶのが適当かと思います。なお、古生物地理では昔から、南部北上帯および黒瀬川帯は南中国に属すると言われていたので、この説は古生物地理的にも矛盾しません。

南北衝突の生き証人？──舞鶴帯

舞鶴帯はペルム系、下部－中部トリアス系、上部トリアス系の整然層および深成岩類で構成されている西南日本の地質体です。古い花崗岩からなる北帯、

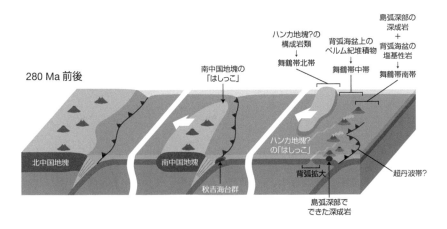

280 Ma 前後

北中国地塊
南中国地塊
秋吉海台群

南中国地塊の「はしっこ」

ハンカ地塊?の構成岩類
舞鶴帯北帯

ハンカ地塊?の「はしっこ」

背弧拡大

島弧深部でできた深成岩

背弧海盆上のペルム紀堆積物
舞鶴帯中帯

島弧深部の深成岩 + 背弧海盆の塩基性岩類
舞鶴帯南帯

超丹波帯?

図 6.7 舞鶴帯はハンカ地塊のはしっこ付近でつくられた？

ペルム〜トリアス系を主とする中央帯、塩基性岩類を主とする南帯とに分けられています。その形成過程に関しては諸説ありますが、大陸の断片からなる北帯、海洋性島弧からなる南帯、その間の背弧海盆としての中央帯が、大陸縁に衝突付加したもの、という説が現状有力です（**図 6.7**）。

この舞鶴帯のトリアス系は、堆積環境・生物相・砕屑性ジルコンおよびモナザイト[※1]年代分布に関して沿海州に分布するトリアス系とほぼ一致します。さらに、舞鶴北帯の花崗岩類はシルル紀〜デボン紀（450 〜 400 Ma あたり）およびペルム〜トリアス系（250 Ma 前後）の、二極化した年代を示します。この特徴は、ウラジオストク周辺の花崗岩類と共通です。これらの結果から、舞鶴帯北帯とロシア沿海州の大陸地塊との地質的な結びつきが示唆されます（**図 6.8**）。

また、砕屑性ジルコン・モナザイト年代で 500 Ma のピークが卓越することから、500 Ma の深成岩を伴う独立した島弧を供給源として想定する考えもあります。しかし、現在の日本列島やハンカ地塊には 500 Ma 前後の花崗岩類は非常に少なく、その「500 Ma 島弧」の大半は浸食で失われてしまったものと思われます。

※1　モナザイト：セリウム（Ce）を主とする希土類元素の燐酸塩鉱物の 1 種。化学的安定性は比較的高いがジルコンほどではなく、弱い変成作用でも分解する場合が多い。数 % の Th および微量の U を含むため、年代測定が可能。

ナホトカにある石碑。舞鶴帯の岩石が使われている

　舞鶴帯のトリアス系のうち、難波江層群は、産出する化石からカーニアン（235 〜 228 Ma）に堆積したとされています。これはちょうど南北中国の間の超高圧変成岩の変成年代あたりです。難波江層群の砕屑性ジルコンの年代構成は、下部から上部にかけて年代分布が目まぐるしく変化します。南中国由来の1000 〜 700 Ma、ハンカ地塊由来と思われる 500 〜 400 Ma、北中国由来（？）と思われる 2000 〜 1800 Ma のものが入り交じっているのです。これは、南北衝突の結果として形成された山脈から供給される砕屑物の変化を示していると考えられます。この変化をくわしく追っていくと、南北中国の衝突の詳細がわかるかもしれません。

大陸物質の供給と付加体の成長

ジュラ紀付加体の成長

　北中国・南中国地塊が衝突することにより、その間の海にたまっていた堆積物は上盤側の北中国地塊成分とともに隆起し、現代のアルプスやヒマラヤのような大山脈を形成したと考えられます。そのような山脈は激しく浸食を受けるので、河川で運搬される砕屑物が増加します（**図6.9**）。

　現在、同様の現象が顕著に見られる場所としては、ベンガル湾が挙げられます。インド地塊は50〜40 Maごろからユーラシア大陸に衝突しはじめました。現在でもインド地塊がもぐり込む運動は絶賛継続中であり、その結果としてヒマラヤ山脈が形成されています。このヒマラヤ山脈が風化・削剥されることによりもたらされる大量の砕屑物は、ベンガル湾に巨大な海底扇状地を形成しています。

　沈み込みのない現在のベンガル湾では、大量の砕屑物は扇状地をつくるだけです。一方、日本列島形成の場であったプレート収束境界では、砕屑物は付加体の材料になりました。砕屑物の大量供給が付加体の形成に寄与することは、2.4節で紹介したとおりです。その供給量はジュラ紀に最大となり、この時期大規模に付加体が形成されたと考えられています。実際、現在の日本列島をな

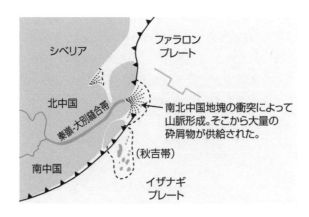

図6.9 ジュラ紀前期（180 Maごろ）の東アジア地域（磯崎ほか，2011にもとづく）

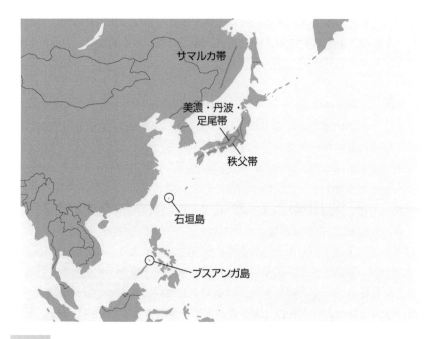

図 6.10 西太平洋のジュラ紀付加体

す基盤岩類の中で、ジュラ紀付加体は最も大きな面積を占めます。北から渡島^{おしま}
帯・北部北上帯・足尾帯・美濃帯・丹波帯・秩父帯など多彩な地質帯名があり
ますが、これらはすべてジュラ紀（一部白亜紀最前期までを含む）の付加体で
す。西太平洋沿岸地域のジュラ紀付加体は、北はロシア沿海州のサマルカ
（Samarka）帯から、日本列島では上記の付加体群に加え、南は石垣島まで、
さらにはフィリピン・パラワン（Palawan）諸島のブスアンガ（Busuanga）島
まで確認されています。ジュラ紀当時の沈み込み帯は、現在の西太平洋に劣ら
ず長大であったことがうかがえます（**図 6.10**）。

🖋 白亜紀以降の付加体

白亜紀の後期になると、西南日本では四万十帯北帯が付加しました。古第三
紀には、現在地表に露出している中では最も新しい付加体である、四万十帯南
帯が続けて付加しました。南海トラフでは、現在も付加体が形成されています。

しかし、東北日本では、四万十帯に相当する付加体は少なくとも陸上には現れていません。東北日本における白亜紀以降の付加体の不在には、日本海形成時の東北日本の移動と構造浸食が関係していると思われます（4.4節の「親潮古陸」の項を参照）。

北海道では中央部に空知－エゾ帯、東部に日高帯があります。白亜紀付加体が二重になっていますが、これは、12 Ma ごろに北海道東部が北海道西部に衝突したためです（11.2節参照）。

6.3 三波川帯はいかにして上昇したのか？

2.2節でも触れましたが、沈み込み帯の地下深部で形成される低温高圧型変成岩の上昇過程は、いくつかのモデルは提唱されているものの、いまだ謎です。西南日本大陸側の古い変成岩（周防帯・三郡－蓮華帯など）に関しては、上に存在した非変成・弱変成の部分が長い時間の中で削剥された、あるいは南北中国地塊の衝突により浅い部分の非変成・弱変成の付加体が失われたなど、説明のつけようはあります（ジャッキアップ説）。しかし、白亜紀付加体が変成してできた三波川帯に関しては、上記以外の特別な理由を探る必要があるようです。

☞ 原因は海嶺の沈み込み？

高圧型変成岩の上昇の理由としてひとつ考えられるのは、海溝（収束境界）における中央海嶺（発散境界）の通過です。日本がつくられていた収束境界では、海嶺の沈み込みに伴う沈み込むプレートの交代が、白亜紀だけでも2回起きています（図2.18参照）。ジュラ紀以降では、150 Ma ごろまではイザナギプレートが沈み込んでいました。約150〜100 Ma にかけて、イザナギプレートとクラプレートを生成していた海嶺が通過することにより、日本列島の下に沈み込むプレートがクラプレートに交代しました。その後、90〜60 Ma にかけても海嶺が通過し、現在の太平洋プレートに交代した、とされています。

🖋 海嶺の沈み込み──2つの考え

　白亜紀の高圧型変成岩の上昇の原因として、この海嶺の沈み込みが有力視されています。ただし、そこで起こる過程は、2通りあると考えられています。

　ひとつは、海嶺が海溝にある程度の角度をもって沈み込み、このときに絞り出されるように西から東に順次三波川帯が上昇した、という説明です。1.5節で説明したように、海洋プレートは海嶺から離れるほど厚く、冷たく、重くなります。つまり、海嶺における海洋プレートは本来軽く、相対的に沈みにくい性質をもつと考えられます。この「連続性をもった、軽く、沈みにくい部分」が沈み込むことによって、相対的な「浮力」をもった海嶺部分が下から押す形となり、西から東へと絞り出すように三波川帯を上昇させた、というのがこの説の中身です（絞り出し説：2.2節参照）。また、海嶺は地殻熱流量が高いので、これが沈み込むことにより火成活動が活発になり、領家帯などの花崗岩をつくったとも考えられていました（**図6.11**a）。

　もうひとつは、海嶺が海溝に平行に近い形で沈み込んだ場合です。海嶺における海洋プレートの厚さはほぼゼロなので、これが海溝と平行に沈み込むと、海嶺の部分で切れます。すると、プレート運動のおもな駆動力であるスラブ引張り力が急減することにより、それまで地下に押しとどめられていた変成岩が浮力により上昇する、という考え方です（浮力上昇説：2.2節参照）。このときには、急に割れ広がった「沈み込んだ海嶺」からの熱により、やはり活発な火成活動が起こったものと考えられます（図6.11b）。しかし、絞り出し説の場合とは異なり、東西の火山活動に時間差は生じません。

　どちらの説が正しいのでしょうか？　以前は、三波川帯のK-Ar年代や領家帯の花崗岩の形成年代は西から東に向かって若くなる傾向があるとされていたので、前者の絞り出し説のほうが支持されていました。しかし、最近の多量かつ系統的な年代測定の結果、三波川帯・領家帯ともに東西で年代はさほど変わらないことがわかってきました。では、浮力上昇説が有力かというと、変成岩は密度が高いので、浮力のみでの上昇は難しいと考えられます。

　また、そもそも高圧型変成岩の上昇と海嶺の沈み込みが関係しているのか？という根本的な問題もあります。三波川帯の上昇は、上記のクラ−太平洋海嶺の沈み込み（90〜60 Ma）に年代的に対応していますが、イザナギ−クラ海嶺の沈み込み（150〜100 Ma）に伴う高圧型変成岩が存在しないからです。

(a) ほぼ直角

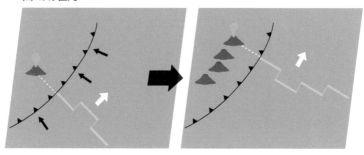

(b) 平行

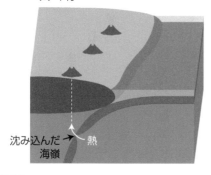

沈み込んだ　　熱
海嶺

図 6.11　**海嶺の沈み込みと火成活動**

　もしかすると今後、絞り出し説や浮力上昇説とは違った第三の説が必要とされるかもしれません。

独立
──日本海・フォッサマグナ・中央構造線の形成

　日本海は、約 30 Ma から 15 Ma ごろまで続いた《背弧拡大》(2.5 節参照) によって形成されました。その際、朝鮮半島からロシア沿海州付近に形成されていた、付加体を主とした部分が大陸から引きはがされました。大陸からはがれた部分が後の日本列島となり、新しくできた海は日本海になったのです。ただし、《背弧拡大》の際に引きはがされた地塊群すべてが日本列島になったわけではありません。一部は、日本海海面下に点在する海底の「山」となっています (**図 7.1**)。このときの激しい活動は日本列島をなす付加体の構造を大きく乱しましたが、現在の日本列島の地質構造をほぼ決定した重要なイベントと言えます。

「日本列島を分割する大構造」として日本地質学草創期から認識されてきたフォッサマグナと中央構造線も、日本海の拡大と同時期に形成されました。その詳細は不明な点もありましたが、近年の研究で明らかになりつつあります。本章で、その一端を紹介します。ただし、プレートテクトニクスの確立以前から日本列島の構造を語るうえで重要な要素として取り扱われてきた中央構造線やフォッサマグナは、30 Ma 以降の日本海形成に伴ってつくられたものです。したがって、それ以前に形成された日本列島の基盤を論じるうえではまったく関係ないという点は、強調すべきところです。

図 7.1 現在の日本列島と日本海、日本海中の「地塊」

7.1 引きはがされる島弧──陸が裂けて海ができる

　日本海が《背弧拡大》によってつくられたとする説がある程度広まったあとでも、背弧拡大のプロセスと原因については解決されていませんでした。拡大の様式に関しては、いくつかの説の中でも観音開き説とプルアパートベイスン説の2つが有力候補となっています。また、原因についても2通りの考えがあります。ひとつは、日本海の拡大当時、海底では激しい火成活動が起こっていたことから、「火成活動が原因で割れた」とする考え方。もうひとつは、地殻が引っ張られることによって「割れたから火成活動が起こった」というもの

です。「鶏が先か卵が先か」という命題に近いものがあり、現在でも決定的な結論は出されていません。

日本海は約15 Maに急速に広がった、という説がOtofuji and Matsuda (1984)により提唱されました。これは、火成岩の古地磁気と年代の比較を根拠に、西南日本は時計回り、東北日本は反時計回りにそれぞれ約50°ずつ "高速回転" した、とするものでした。またこの古地磁気による研究結果は、日本海形成以前の日本列島が大陸にくっついていたことを明示し、その後の研究に大きな影響を与えました。

現在、「日本列島はもともと大陸の縁にあり、日本海が形成されることによって大陸から離れた」という点に関しては、大半の研究者が一致しています。一方、「どうやって離れたか」についてはいまだに議論が続いています。ここでは、現在有力視される2つの説について説明します。

☞観音開き説──東西の日本が開いた？

有力な説のひとつは、いわゆる「**観音開き説**」です。東北・西南日本それぞれを太平洋から見て右の扉と左の扉に見立てて、左右の扉が開くように動いた、という考え方で、上記のOtofuji and Matsuda（1984）が源流です（**図7.2a**）。

直近では、新たに古地磁気および年代データを追加・再検討した結果、日本海の拡大は「2段階」のプロセスだったと考えられています。まず回転をほとんど伴わない拡大により大陸から離れ、その後18〜16 Maの間に急速に回転したらしいのです（図7.2b）。また、回転量は当初考えられていたよりも小さく、西南日本で40°程度と見積もられています（星, 2018）。しかし、東北日本に関しては「やはり15 Maには拡大は終わっていたらしい」ことはわかっているものの、西南日本と違って古地磁気データのばらつきが大きいので、詳細は不明です。

☞プルアパートベイスン説──ずれて、裂けて、開いた

もうひとつは、「**プルアパートベイスン説**」と言われるものです（初出はLallemand and Jolivet, 1986）。プルアパートベイスン（pull-apart basin）とは直訳すると、「引っ張られ離れた盆地」の意味です。この説は、2本の同じ向

(a) 初期の観音開き説。西南日本と東北日本はそれぞれ、ある一点を中心に回転することで大陸から離れた。

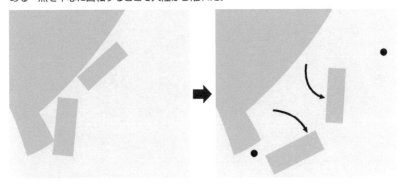

(b) 改良型観音開き説。まず、大陸から平行に離れ、その後回転した。

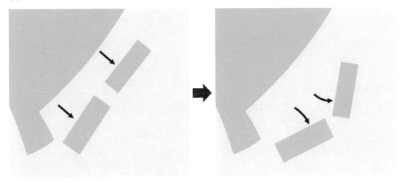

図 7.2 観音開き説（中嶋, 2018 にもとづく）

きの横ずれ断層の間に引張応力が働き、その間の一部分が裂けて盆地ができる、というものです（**図 7.3**a）。

「日本海」の東西にできた南北方向の左横ずれ断層の運動によって拡大した、とする説（図 7.3b）ですが、この説は当初、古地磁気のデータをまったく反映していませんでした。やがて「本棚状ブロック回転モデル」（図 7.3c）など局所的な回転を取り入れて説明してきましたが、ある程度の全体での回転を取り入れたモデルも提唱されています（図 7.3d）。

　この説の最大の弱点とされるのは、日本海拡大の原因である、日本海の東西の端にあるはずの左横ずれ大断層が発見されていないことです。

(a) プルアパートベイスンの模式図

プルアパートベイスン

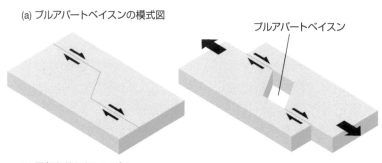

(b) 回転を伴わないモデル

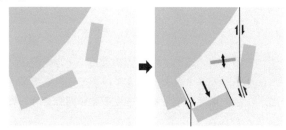

(c) 本棚状ブロック回転モデルの模式図

(d) ブロック回転を採り入れたモデル

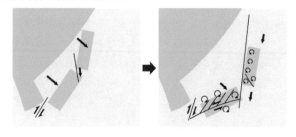

図 7.3　**プルアパートベイスン説（一部、中嶋, 2018 にもとづく）**

✒ 回転の見積もり──回ったのは確かだけれど……

　西南日本の年代ごとの古地磁気の方位は一定範囲に収まっており、西南日本はある程度形を保ちながら回転してきたと考えられています。しかし東北日本の古地磁気方位はばらつきが大きく、中には反時計回りに100°以上も回転したと見られるデータもあります。

　西南日本と異なり東北日本には、"逆袈裟斬り"にでもあったような、列島を斜めに切る顕著な左横ずれ断層が複数存在します。これらの横ずれ断層の運動は、間にあるブロックに反時計回りの回転を促す力をおよぼしたと考えられます。つまり、東北日本では本棚状ブロック回転モデル（図7.3c）が生きてくるのです。しかしながらこのモデルでは、ブロックの幅を極限まで狭くしても回転の上限は90°です。現実的な幅を考慮すると、その上限は50°程度でしょう。というわけで、たしかにブロック回転はしているものの、ブロック回転のみで東北日本の古地磁気方位を説明することは、やはり困難であることは明らかです。その点からも、東北日本もある程度の全体回転を伴ったと筆者は考えています。

　観音開き説が2段階の拡大を取り入れたり、プルアパートベイスン説が西南日本の全体回転を取り入れたりと、それぞれの説の進化版を見るに、双方の説が互いに近づきつつあるようにも思えますし、実際そのように感じている研究者も多いようです（中嶋，2018にまとめられています）。ただ、観音開き説がその原動力に言及しない、ある意味門戸の広い説であるのに対し、プルアパートベイスン説は原動力が横ずれに限定されているので、これらを同列として比べること自体が不公平かもしれません。

　なお、観音開き説も想定する原動力によりマントル上昇説、ホットリージョンマイグレーション説、オラーコジン説などに細分化できます（説の名前は藤岡，2018に準拠）。本書では以後、より説明のしやすい観音開き説にもとづいた表現を用いて記しておきます。

✒ 日本海の形成史（案）

　ここまでのまとめとして、日本海の形成過程を3つの時期に分けて説明します。

① 日本海形成前（47 〜 30 Ma）：

日本海形成以前から、背弧域での活動ははじまっていました。約 47 Ma の太平洋プレートの運動方向の変化（ハワイ・天皇海山列の折れ曲がり）により、沈み込みの方向が変化した影響が大きいと思われます。

西南日本では、現在の朝鮮・対馬海峡や九州北部が背弧的に沈降し、浅い湾状になっていました。このとき堆積していたのが石炭を含む堆積岩で、九州の主要な炭田（筑豊〜三池〜端島など）が形成されたのはこの時期です。背弧域の活動の影響は現在の瀬戸内海近辺にもおよんでいました。瀬戸内海沿岸の兵庫県から広島県にかけて分布する、浅海性〜非海性の始新統〜下部漸進統（約 50 〜 30 Ma）の存在により、プレート収束境界と並行する細長い海域が存在したことがわかっています（日本地質学会編, 2009）。

東北日本では、同時期の堆積岩は前弧堆積物として堆積しており、やはり主要な炭田（石狩〜久慈〜常磐）のもととなりました。なお、花崗岩の分布から推定される当時の火山フロントは、西南日本では山陰〜北陸地方にあり、太平洋プレートの沈み込みによるものでした。東北日本では、当時の花崗岩は見られませんが（後のグリーンタフ※1 に覆われた？）、男鹿半島で同時代の火山岩が見られます。火山フロントは西南日本と同様、かなり "日本海側" にあったと思われます。

②《背弧拡大》開始（30 〜 18 Ma）：

本格的な《背弧拡大》のはじまりは、約 30 Ma に大陸縁上に海溝とほぼ平行な断裂として現れました。当初は細長い盆地のような地形でしたが、そのうち河川水の流入などにより水がたまり、淡水の湖になったと考えられます（図7.4a）。このときの痕跡として、日本海沿岸の一部地域で淡水性の珪藻化石を産出することが知られています。

その後しばらくすると、広がるにつれて断裂は海につながり、海水の流入がはじまりました（図7.4b）。海となったばかりの日本海は、浅い海に陸の断片がいくつか存在する多島海の様相を呈しました。また、当時は全地球的に温暖であったため、海岸にはマングローブがひろがり、そこには現在のマングローブに棲むウミニナの仲間であるビカリヤという巻貝が棲息していたと考えられ

※1　グリーンタフ（green tuff）：本来「緑色の凝灰岩」の意味。しかし、日本の地質においては、「日本海形成時（新第三紀）に活動した海底火山群が形成した緑色の凝灰岩」という特定の岩石を指す。代表的な岩石として、石材の大谷石が挙げられる。

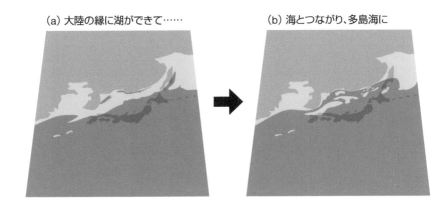

(a) 大陸の縁に湖ができて……　　　(b) 海とつながり、多島海に

図7.4 日本海のできはじめ

ています。

　日本列島には漸新世（約 34 〜 23 Ma）の地層は、日本海拡大の影響を受けた日本海沿岸部を除いて少なく、それ以降の地層は傾斜不整合を介して堆積しています。これは「漸新世不整合」とよばれ、日本列島全域にわたり存在します。不整合の存在は、「再堆積開始までの間に一度は陸化した」ことを示し、つまり漸新世の間に現在の日本列島に当たる部分が広域的に陸化していたことを示しています。この事実は、背弧域が日本海形成の開始に伴って引張場になったことと引き換えに、前弧域（現在の日本列島にあたる）が圧縮場になったことを物語っているのかもしれません。

③ 急速な回転（18 〜 16 Ma）：

　日本海の拡大が活発化した時期には、日本海の海底には複数の海底拡大軸（小さなプレート発散境界のようなもの）が形成され、激しい海底火山活動が起こりました。そのとき海底に堆積したのがグリーンタフです。とくに、18 Maごろから回転運動が活発となり、最も「回転軸」から離れた場所で 600 km ほど移動し、16 Ma ごろには日本海は現在と同じ大きさになっていたと考えられています。そして、「観音開き」が開き終わったとき、西南日本と東北日本の間には「扉の開き目」が存在していました（**図 7.5**）。

　この急速な回転の時期、東北日本は沈降し、その多くが海の底でした。太平洋プレートの収束境界の後退により、日本全体が東西に引っ張られていたためと思われます。

東西の引っ張りによって南北方向に延びる堆積盆が形成され、そこにはグリーンタフを中心とした堆積物が広く堆積していました。西南日本はこの引っ張りの影響をあまり受けなかったため、海面上にあったと考えられています。

日本海ができたころ（約15 Ma）

「日本列島」はどこにあった？

　詳細にいたってはいまだにさまざまな議論があるものの、日本海の拡大とともに、西南日本と東北日本とがそれぞれ回転を伴う運動によって大陸から離れたことは確実だと思われます。ただ、「日本海形成以前の日本列島は、どこにくっついていたのか？」に関しては、いまだ明確な答えは出ていません。「拡大軸まわりの磁気異常の縞模様を調べれば、拡大を逆算できるのでは？」と思われるかもしれませんが、満足な磁気異常の測定は非常に困難だそうです。日本海拡大の活動の停止から15 Myrも経過しているうえに、陸域に近いために厚く積もった堆積物が、海洋地殻のもつ残留磁気を阻害することが原因です。また、同じ理由で、当時形成されたであろう断層などの地形変化も見ることができません。自然というのは、なかなか見たいところを見せてくれないものです。

　一方で最近、日本列島の古地理を推定するうえで、舞鶴帯の重要性が取り上げられるようになってきました。6.1節で述べたように、舞鶴帯とロシア沿海州との地質的なつながりが見えてきつつあります。同じように、比較的古い地質帯の連続性を追跡することは、日本海形成以前の日本列島の古地理を推定するうえでのひとつのカギとなるかもしれません。

7.2 日本海とフォッサマグナ
——切っても切れない間柄

そもそもフォッサマグナとは？

フォッサマグナ（Fossa Magna）とは、もともと「巨大なくぼみ」という意味のラテン語です。明治時代に、ゾウの化石にその名を残すドイツ人地質学者ナウマン（H. E. Naumann; 1854 〜 1927）によって認識され、命名されました。日本語では「大地溝帯」などと言われます。当時から現在にいたるまで、西日本と東日本を分ける一大構造と考えられてきました。

そもそも地溝とは、両側を断層に挟まれることでできた細長い谷状の堆積盆地のことです。しかし、フォッサマグナの場合、西側の断層は糸魚川－静岡構造線ではっきりと決められますが、じつは東側の断層は判明していませんでした。長らく、半地溝（ハーフグラーベン）、つまり片側（この場合西側）だけが断層で区切られた、断層に近いほど落差の大きい構造として認識されていました。しかし現在では、いくらかの定義の違いによる差異はあるものの、「地溝」としてのフォッサマグナの東端は利根川構造線と考えられています（後述）。

フォッサマグナは大きく南北に分けられます（**図7.6**）。**北部フォッサマグナ**は、糸魚川－静岡構造線を西の端として、東は新潟市付近まで広がっています。その名に恥じず沈降量は大きく、最大6000mにも達します。沈降した分、グリーンタフを含む厚い堆積物に覆われています。一方、**南部フォッサマグナ**は、火山起源の岩体および比較的浅海性の堆積物で構成されており、「大地溝帯」のイメージからは少々外れます。このような違いが生じたのは、そもそも北部と南部の成因がまったく異なっているからです。

図7.6 **フォッサマグナの位置と名称**

もともとナウマンは、フォッサマグナは伊豆地塊（伊豆半島）がぶつかることによってできた裂け目であると考えていました。一方で、原田豊吉（1860〜1894）は北翼（≒東北日本）と南翼（≒西南日本）の接合部は関東付近であり、ナウマンがフォッサマグナと呼ぶものは富士（火山）帯の延長であると主張しました。これは原田・ナウマン論争などと呼ばれています。両者とも当時の地質学をもとにした説なので、現代の説と単純に比較することはできませんが、ナウマンの説は北部中心、原田の説は南部中心で組み立てられたのでは、と感じられます。

観音開きの開き目と衝突付加した火山列島

　では、北部フォッサマグナが 6000 m も沈降したのはなぜなのでしょうか？日本海形成の際、西南日本と東北日本がそれぞれ時計回り、反時計回りの回転を伴って移動した「観音開きの扉」にたとえられることはすでに述べましたが、左右の扉の「開き目」がフォッサマグナと考えられています。この「開き目」にある岩盤は左右からの引っ張りを受け陥没し、地溝をつくったというのが、フォッサマグナの成因としていちばん簡単な説明です。この説明に関しては、現在多くの研究者（すべてではない）が「詳細はともかく、一次近似としてはだいたい正しい」と受け入れています。

　なお詳細に関しては、「フォッサマグナ」を題名に冠した書籍はいくつかあるので（たとえば藤岡, 2018）そちらを参照願います。

　一方、南部フォッサマグナの形成は、日本海の形成とは関係がありません。日本海形成が落ち着いた 15 Ma ごろからはじまった、伊豆弧の火山列島の衝突付加によって形成されたのです。くわしくは 8.2 節で説明します。なお当時の北部フォッサマグナの「地溝」は、南部フォッサマグナの形成まで、できたての日本海と太平洋をつないでいたと考えられています。

フォッサマグナの範囲と東西日本の境界
——右の扉がより大きく開いた？

　西南日本と東北日本との境目として、しばしば糸魚川－静岡構造線が取り上げられます。本州を東西に両断するかのような大断層は、いかにも日本の東西

を分かつにふさわしいと思われます。しかし現実は、関東山地に見られるように、四万十帯、秩父帯、三波川帯などの地質帯は糸魚川－静岡構造線以東にも連続しているため、ここを東西の境界とすることは地質学的には受け入れられていません。そのため、関東山地以東で最も西側にある顕著な断層である、棚倉構造線（図 11.1 参照）が地質学的な東西日本の境目と考えられてきました。

ところが、棚倉構造線より南に位置する群馬県・八溝山地の茂木地域が東北日本に属することが、古地磁気の研究により発見されました。また、千葉県銚子市の利根川河口南側にはジュラ紀付加体と、それを覆う白亜系の整然層およびそれらを覆う中新統が分布しています。しかし、その白亜系および中新統は北の海中に分布する常磐沖堆積盆に対比されたのに加え、古地磁気方位も東北日本に属することを示しました。これらの結果は、東西日本の境界が茂木や銚子よりさらに南に存在することを示唆しています。さらに、中新統の堆積岩の構成、ボーリングによる基盤岩の対比などは、利根川に沿う断層の存在を浮き彫りにしました。

糸魚川－静岡構造線と棚倉構造線との間に、以前から銚子－柏崎線や利根川構造線といった断層の存在が推定されていましたが、上記のデータはその推定断層の実在の証拠を突きつけるものでした。

さらに、18 ～ 16 Ma の火山岩の分布、つまりその時点における火山フロントの位置が、その推定断層を境に約 230 km ずれていることが見いだされました。これは、西南日本に比べ東北日本のほうが 230 km 太平洋側に出ている、つまり、「右の扉が前に出ている」ことを示しています。同時に、東北日本に西南日本の地質構造が延長しているとしても、日本海溝近くの海中である可能性を示しています。高橋（2006a）はこれらの観測事実をまとめ、新たに認識された境界断層を再定義したうえで、**利根川構造線**と改めて名づけました（**図7.7**）。

この利根川構造線こそが、西南日本と東北日本との実質的な地質学的境界であると同時に、地溝としてのフォッサマグナの東の端であると考えられます。それに加え、利根川構造線の北東側と思われる地域（新潟県北部、胎内あたりまで）もフォッサマグナの一部とされています。この部分は、東北日本がより太平洋側にせり出したために陥没したのでしょう。

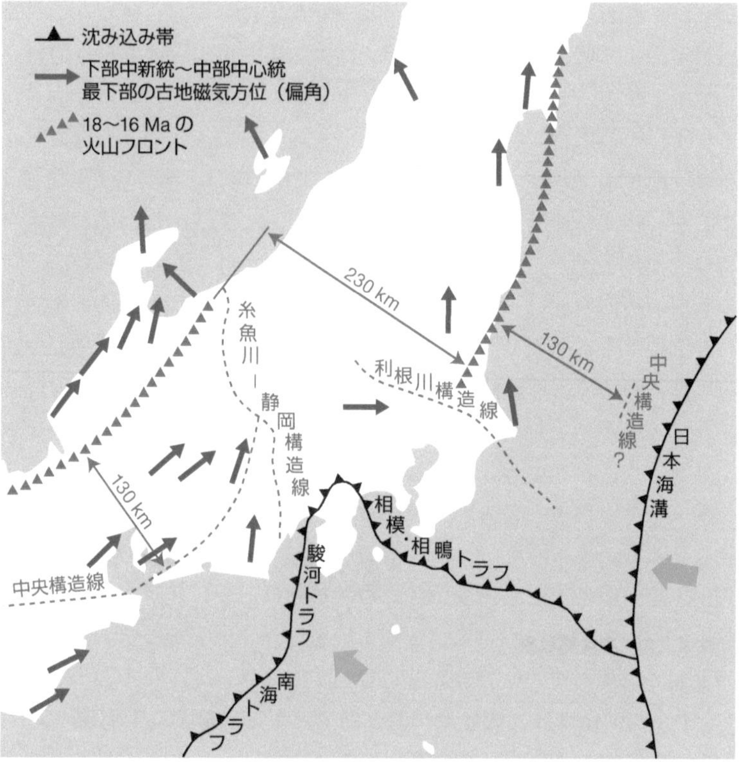
沈み込み帯
下部中新統～中部中心統
最下部の古地磁気方位（偏角）
18～16 Ma の
火山フロント
230 km
130 km
130 km
糸魚川－静岡構造線
利根川構造線
中央構造線？
日本海溝
相模・相鴨トラフ
駿河トラフ
南海トラフ
中央構造線

図 7.7　利根川構造線が東西日本の境目（高橋，2006 を簡略化）

7.3 中央構造線がもつ「2 つの顔」

中央構造線は“大規模横ずれ断層”なのか？

一般的な中央構造線のイメージは、「九州から関東地方まで続く、大規模かつ日本列島の構造を決定する重要な高角の横ずれ断層」というものだと思います。一部には、「中央構造線より南の地帯は、左横ずれ断層運動によって南方から 1000 km 以上移動して今の位置まできた」とする説もあるくらいです（10.1 節参照）。

しかし、実際の中央構造線を上から見ると、どこを通るか判然としない領域

図 7.8 地図上の「中央構造線」

があります。四国中央部（吉野川に沿う部分）から紀伊半島中央部（紀ノ川に沿う部分）にかけてはきわめて明瞭であるのに対し、とくに九州東部にいたると、ほとんど追跡することができなくなるのです。いちおう、「臼杵 − 八代構造線」なるものに続くとされることもあります。しかし、そこにつなぐには、地質図上で「大野川屈曲」といわれる、摩訶不思議なカーブを想定しなければなりません（**図 7.8**）。

　そもそも、いくら九州中部を阿蘇山の火砕堆積物が広く覆っているとはいえ、1000 km にもおよぶずれを起こした大断層が途中で"行方不明"になるとは、とうてい考えられません。ベトナムと中国の国境付近にある紅河断層（Sông Hồng Fault あるいは Red River Fault）は 1000 km クラスの移動をしたとされる横ずれ断層ですが、中央構造線とは比べものにならないくらいハッキリとしています（**図 7.9**）。ぜひとも Google Earth などで確認してみてください。

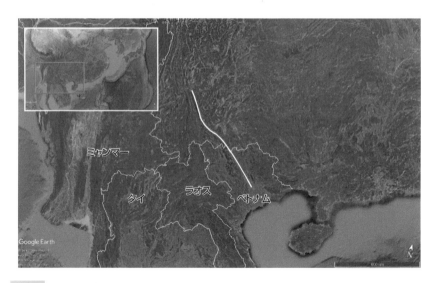

図 7.9　紅河断層（Google Earth をもとに作成）

「高角の横ずれ断層」と「衝上断層」

　紀伊半島中央部から四国中央部にかけて、中央構造線は高角の右横ずれ断層として、航空写真などでもはっきりと認識することができます。この線は同時に、高圧型変成岩からなる三波川帯と、花崗岩および高温型変成岩からなる領家帯との境目でもあります。

　ところが細かく見ると、四国西部では、地形的な明瞭性は一気に薄れるうえに、三波川帯と領家帯との境界は上盤側を領家帯、下盤側を三波川帯とする衝上断層（低角の逆断層）として現れるところも出てきます。そもそも中央構造線の露頭として有名な砥部衝上断層（愛媛県）は、その名のとおり衝上断層で、この近辺では衝上断層と横ずれ断層は完全に乖離しています。さらに西側の三波川帯の西端である九州東部・佐賀関半島では、この傾向はより顕著となり、もはや横ずれ断層の気配すらありません。しかも、ここを最後に三波川帯は姿を消してしまいます。また、関東地方や中部地方でも、中央構造線は衝上断層として観察されます。

　なぜなら、「衝上断層」と「高角の横ずれ断層」はまったく別の断層だからです。

これら 2 つの断層のうち、**衝上断層のほうを古中央構造線**と呼びます。この断層に沿って内帯（領家帯）側が衝上した結果、変成の条件がまったく異なる三波川帯と領家帯とが接することになったと考えられます。古中央構造線の活動による水平移動距離（短縮距離）は、後述のように 150 km ほどを想定しないとなりません。最近の研究によると、**この断層のおもな活動時期は、まさに広域不整合が形成された漸新世（約 34 〜 23 Ma）と目され、このころの西南日本はやはり南北圧縮を受けていた**と考えられます。なお、**旧来より認識されていた「九州東部から関東山地まで追跡可能な、三波川帯と領家帯の境界としての中央構造線」は、この古中央構造線**です。

　一方、**四国中央部から紀伊半島中央部にかけて見られる顕著な高角の右横ずれ断層を中央構造線活断層系または新中央構造線**と呼びます。この正体は、南海トラフに対して若干斜めに沈み込んでいる、フィリピン海プレートの横ずれ成分を解消するための横ずれ断層です（**図 7.10**）。なお、このような横ずれ断層とプレート収束境界との間の、プレート運動の海溝と平行な成分を駆動力として動く部分を**前弧スリバー**と呼びます。**フィリピン海プレートの運動方向が変化し、斜め沈み込みとなったのは 3 Ma ごろ（鮮新世）**と考えられています（8.2節参照）。

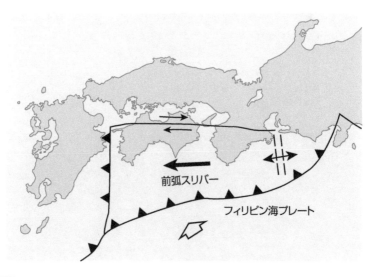

図 7.10　**新中央構造線＝前弧スリバーによる横ずれ断層**

これら2つのまったく異なる断層が、たまたま一部重なって見えるように存在したために、「中央構造線は白亜紀から活動する大規模な横ずれ断層」という誤解が生まれてしまったと考えられます。「九州で中央構造線が消える」のも、じつは不思議はありません。地質帯の区分上、"中央構造線"は「三波川帯と領家帯との境界」として認識されているので、三波川帯の消滅とともに消えてしまうのも自然なことなのです。広く流布していた「2つの顔をもつ中央構造線」という認識は、言わば「見かけも年齢も異なる2人の赤の他人」を「1人の二重人格」に誤認した結果なのです。

失われた地質体

　西日本の高温型変成帯である領家帯は、構成する変成岩から見積もられる変成温度の分布が南北で「非対称」であることが、長らく指摘されていました。そして、現状では高圧型の変成帯である三波川帯と中央構造線を介して接しています。火山フロント付近で形成される高温型変成岩とプレート沈み込みで形成される高圧型変成岩とは、初生的位置は水平距離にして150 kmほどの開きがあるはずです（**図7.11**）。それらが現在接しているということは、その間に存在した領家帯の南半分を含む幅150 km分の地殻がなんらかの理由で失われ、その結果、領家帯の温度分布は非対称なのだ、という説が唱えられました。その失われたとされる部分は「失われた領家帯（原文では"missing Ryoke

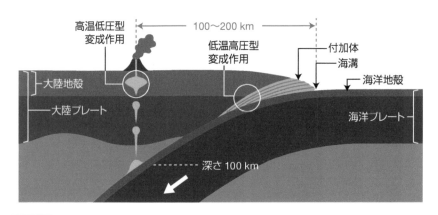

図7.11 高圧型および高温型変成岩の形成される位置

segment"：Ichikawa, 1964)」と呼ばれました。ようするに、あるべき領家帯の南半分が見当たらないのです。

「失われた地質体」の候補は、ほかにもあります。西南日本の白亜紀以降の砂岩には、120 〜 100 Ma の砕屑性ジルコンがしばしば含まれます。ところが、西南日本の花崗岩は白亜紀後期〜古第三紀（100 〜 60 Ma）のものが大半を占めます。白亜紀前期（120 〜 100 Ma）の花崗岩は東北日本や九州には見られますが、中国〜近畿〜中部〜関東地方には、断片的にしか存在していません。また、四国〜関東の新生代の堆積岩中には、120 〜 110 Ma の変成年代をもつ高圧型変成岩の礫がしばしば含まれますが、その変成年代をもった高圧型変成帯は見当たりません。これは、どういうことでしょうか？　それらの「失われ

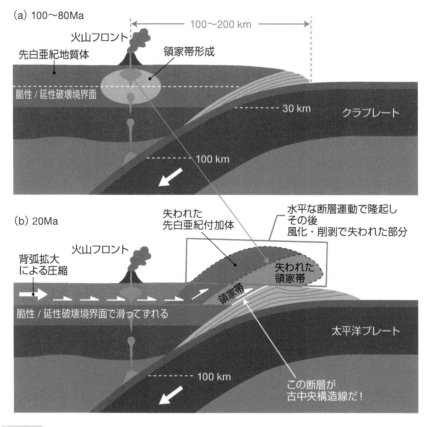

図7.12 古中央構造線の活動による火山弧と直交方向の短縮

た地質体」の行方には、古中央構造線の活動が関係しています。

　古中央構造線に沿って内帯（領家帯）側が衝上・隆起した結果、変成の条件がまったく異なる三波川帯と領家帯とが接することになったと考えられます。その後、衝上した部分の多くは風化・浸食によって失われました。これが「失われた領家帯」を含む失われた地質体の正体です（**図 7.12**）。さらに、上記の 120 〜 100 Ma 高圧型変成岩や、和泉層群の南半分なども同時に失われました。

　しかし、衝上した部分は風化・浸食されるだけではなく、周囲に礫や砕屑粒子を供給し、堆積層を形成し、その痕跡を私たちに伝えているのです。この事実は、砕屑物をくわしく見れば、今はなくなってしまった地質体を「発見」できることを示しています。しかし逆に、砕屑物の供給源を考える際は、現存する地質体のみを参照するのでは不十分であるとも示唆しています。

7.4 「日本列島は大陸と陸続きだった」の意味

　日本海の形成の話をすると、「日本は昔、大陸と陸続きだった」という話と混同されてしまうことがあります。これは、一般の方にお話しした場合に限りません。生物分布境界線（ブラキストン線や対馬線など）の話に関わる生物関係の研究者からも質問を受けることがあります。

　しかし、ここで言うところの「大陸と陸続き」とは、氷期（いわゆる氷河期）に氷床が発達したために海水準が下がることにより、海峡が陸化し、日本列島と大陸とが陸続きになることを表しています。この話は、約 5 Ma 以降の氷河期のことです。日本海が形成されたのは 30 〜 15 Ma にかけての活動であり、その時間・空間・活動の規模、どれにおいても「日本海の形成」と「大陸と陸続き」とは、まったく次元の異なる話なのです（**図 7.13**）。

本当につながっていた？

　ちょっと昔の地球科学系の教科書や学術普及書には、氷河期の古地理図が載っていました。海水準の低下により日本列島は大陸と陸続きになっており、そこを歩いてゾウや人類が日本にやってきた、と説明されていたものです。昔

図7.13　「日本海形成」と「陸橋」の比較

の見積もりでは、約1万5000年前にピークとなったヴュルム（Würm）氷期（最終氷期）における海水面低下は約120mとされており、それより深い朝鮮海峡や津軽海峡は大陸とはつながらなかったとされていました（地形的に約130mの海水準低下でつながる）。また、それより前のリス（Riss）氷期やミンデル（Mindel）氷期の海水準低下は140mに達したとされ、南北ともに、日本列島は大陸につながっていたと考えられました。

　ところが最近の見積もりでは、第四紀の氷河期における全地球的な海水準低下はいずれも120m程度とされているので（**図7.14**）、朝鮮海峡も津軽海峡も陸化できなかったことになります。また、陸化していたら日本海は外洋と隔絶され淡水化するはずですが、それが起きたことを示唆する地球化学的・古生物学的証拠もありません。そのため現在では、両海峡は完全には陸化しなかったのではないかと考えられています。最近の地球科学系の本では、安易な「古地理図」を載せることを避ける傾向にあります。ただし、間宮海峡や宗谷海峡は水深が浅いので、各氷河期には陸化し、大陸－樺太－北海道はつながっていたと思われます。

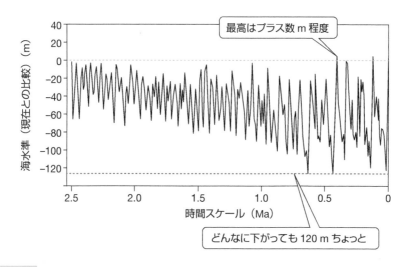

図中:
最高はプラス数 m 程度

どんなに下がっても 120 m ちょっと

縦軸: 海水準（現在との比較）（m）
横軸: 時間スケール（Ma）

図7.14 海水準変動図（Naish & Wilson, 2009 にもとづく）

それでもゾウは渡ってきた

　日本における大型哺乳類の出現時期を見ると、50万年前ごろにトウヨウゾウが、30万年前にはナウマンゾウが出現しており、それぞれギュンツ（Günz）氷期およびミンデル氷期と重なります。海峡が陸化しなかったとしたら、彼らはどのようにして日本に渡ってきたのでしょうか？　朝鮮・津軽両海峡も、陸続きになっていなかったにしても、今よりもかなり狭く、水深も浅くなっており、さらにかなり寒かったであろうことを考慮すると、凍てついた浅く狭い海峡をゾウたちは歩いて渡ってきた、と想像できます（**図7.15**）。

　ロシアのウラジオストクに住む筆者の知り合いは、「冬のほうがある意味で交通の便がいい」と言います。というのも、冬の間は湾が完全に凍るので、その上を車で飛ばすと、夏季なら海岸を通って通常2時間ほどかかる湾の向こう側まで30分程度で渡れるのだそうです（**図7.16**）。中型のトラック程度でも大丈夫らしい……。地球温暖化が大変だ！　CO_2 削減だ！　などと叫ばれる現在においても、ウラジオストク程度の緯度でトラックが通れるほどの氷が張るのならば、氷河期の海峡をゾウが渡れてもいいのでは？　と筆者は思いますが、いかがでしょうか？

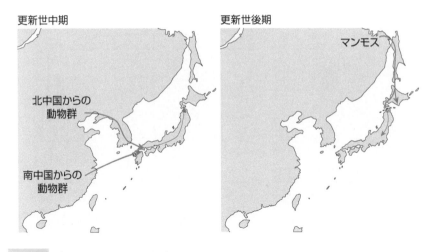

更新世中期

北中国からの
動物群

南中国からの
動物群

更新世後期

マンモス

図7.15 ゾウの出現時期・進入経路

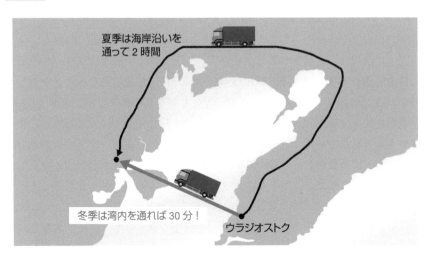

夏季は海岸沿いを
通って2時間

冬季は湾内を通れば30分！

ウラジオストク

図7.16 ウラジオストク近くのアムール湾は冬季には道路代わりに！？

現世は「氷河期」？

　地球温暖化が深刻だと騒がれている現代ですが、地球環境の研究者の中には、現在は単なる間氷期でしかなく、この先は寒冷化が進んで氷河期になる、という人もいます。実際、過去の地質学的証拠は「現在は生物の繁栄以来有数の寒

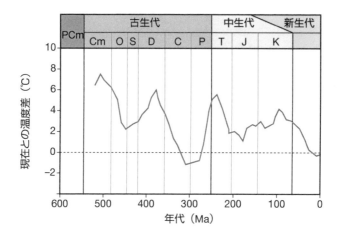

図 7.17 顕生代の海水温変動（Royer et al., 2004 にもとづく）

冷期」であることを示しています（**図 7.17**）。なお、縄文海進期（約 6000 年前）
における温暖化の原因は二酸化炭素量では説明できませんし、産業革命以降の
二酸化炭素量の増加と地球温暖化との関係は単なる相関であり、因果を示して
いるわけではありません。

　二酸化炭素に温室効果があることは事実ですが、すべての温暖化の元凶は人
類とする説明は、一見「自然を守ろー」と言っているようで、じつは人類の自
然に対する影響力の過大評価、ひいては自然に対する傲慢さを示しているのか
もしれません。

　ニュースではしばしば「来年の景気は〜」などと経済予測をしていますが、
評論家の意見は必ず「よくなる派」と「悪くなる派」の真っぷたつに分かれま
す。ほぼ 100％人間の所業である経済の予測ですらこの有様なのですから、さ
らに複雑な地球環境変動の予測に統一した見解がないのも無理からぬことか
な、とは思います。でも、地震予知で失敗した（とされる）地震学者は（二審
で無罪にはなったものの）殺人罪に問われるが、経済政策で失敗を重ねて不況
を招いても、政治家や経済学者は不問となるのが世の中なんですよね。

8 | 日本列島の変動と フィリピン海プレート

　南海トラフから沈み込んでいるフィリピン海プレートの動きは、日本列島の構造・地形に大きな影響を与えてきました。その誕生は50 Maまで遡りますが、じつに複雑な成長過程をもって拡大してきました。現在は拡大軸をもたないために沈み込みにより縮小しており、いずれは完全に沈み込んで地表からなくなってしまうと言われています。本章では、フィリピン海プレートの誕生から日本列島への影響までを解説します。

8.1 数奇な生い立ち

◢ 起伏の多い海洋プレート

　現在のフィリピン海プレートは、海洋プレートとしてはかなり起伏に富んでいます（**図8.1**）。たとえば、このプレートの東端にある伊豆−小笠原弧や北マリアナ諸島は、太平洋プレートの沈み込みによってできた火山列島です。西側にこれと並行するような地形の高まりがあり、九州・パラオ海嶺と呼ばれています。その間はわりと平坦（四国海盆およびパレスベラ海盆）ですが、中央部に紀南海山列と呼ばれる高まりが存在します。南西諸島に近い北東部には北より奄美海台、大東海嶺、沖大東海嶺が存在し、起伏が豊かです。その南には西フィリピン海盆という平地が広がっています。

　なぜこのような起伏が多いかというと、フィリピン海プレートが複数回の背弧拡大を繰り返して成長してきたからです。フィリピン海プレートを含む西太

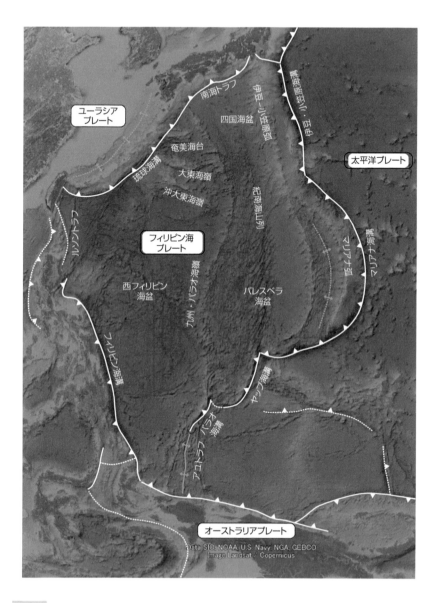

図8.1 フィリピン海プレートの海底地形

平洋全体のプレート境界は複雑に入り組んでおり、この地域のプレート形成過程の複雑さを物語っています（図8.1）。次項でくわしく見ることにしましょう。

　なお、「フィリピン諸島の東側になぜ西フィリピン海盆が？」と思われるかもしれませんが、この名前は「フィリピン海西部の海盆」という意味でつけられています。京浜急行線の北品川駅が、品川駅の南にあるようなものですね。

凹凸は複雑な生い立ちの証

　フィリピン海プレートが生まれはじめたのは50 Maごろ、場所は西太平洋の南部、緯度・経度的には現在のニューブリテン島あたりです。その部分が北東－南西方向の拡大軸を中心に割れはじめました。この最初に割れ広がりはじめた部分が、後の西フィリピン海盆になります（**図8.2**a）。フィリピン海プレート形成初期には、ボニナイト（無人岩）というマグネシウム（Mg）含有量の

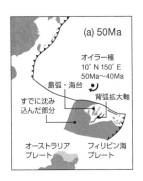
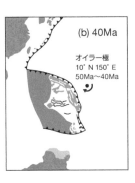
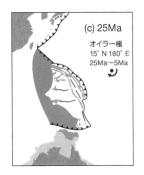
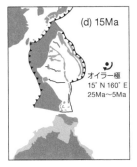

図8.2　**古地磁気によるフィリピン海プレートの運動の復元（Hall et al., 1995 にもとづく）**

多い特殊な安山岩質のマグマを含む火山活動があり、これは45 Maごろまで続きました。古地磁気データにもとづく復元によると、フィリピン海プレートのユーラシアプレートに対するオイラー回転軸（図1.10参照）の極は西太平洋南部10°N 150°E付近にあり、回転速度は時計回りに1°/Myr程度と見積もられています。その回転の結果、フィリピン海プレートは時計回りに太平洋プレートの西端を北上していきました。

35 Maごろには西フィリピン海盆の拡大も終わり、当初北東−南西方向だった拡大軸は、回転によりほぼ東西になっています（図8.2b）。この時代も太平洋プレートはフィリピン海プレートの下に沈み込み続け、火山列島を形成しました。そして、この火山列島がある程度成長した30 Maから15 Maにかけて、背弧拡大が起こります（図8.2c, d）。その拡大軸が紀南海山列、背弧海盆が四国・パレスベラ海盆、火山列島は伊豆−小笠原弧と九州・パラオ海嶺とに分割されました。

その後、5 Ma以降に伊豆−小笠原弧の南方でさらに背弧拡大が起こり、その部分の火山列島がマリアナ弧と西マリアナ海嶺とに分割され、現在にいたります（図8.2d）。25〜5 Maのオイラー極は、以前より少し北東に移動した15°N 160°E付近にあったとされています。

伊豆−小笠原弧とはいうものの、父島・母島を中心とする小笠原群島には活火山はありません。現在火山活動が活発な西之島は、もともと「小笠原（群島）の西にある」ことからそう名づけられました。このことからも、小笠原群島は火山フロントよりもかなり東側にあることがわかります。小笠原群島を構成する岩石は、父島周辺では50 Maごろのボニナイト、母島周辺では45 Maごろの玄武岩〜安山岩です。この年代から明らかなように、じつは小笠原群島は、フィリピン海プレート形成初期の断片なのです。

ここまで名前が出てこなかった奄美海台、大東海嶺、沖大東海嶺ですが、これらを構成する岩石には、フィリピン海プレート形成開始の50 Maより古い白亜紀の年代を示す花崗岩質岩や変成岩などが確認されています。フィリピン海プレートの形成史を考慮すると、これらの岩石は南太平洋のプレート収束境界で形成されたものでしょう。つまり、日本列島の地質体とは直接関係しないものです。

フィリピン海プレートの上には、ホットスポットに代表される位置と年代の「基準点」が存在しないため、正確なプレート運動の復元は困難です。しかも、周囲

の名だたるプレートの影響を受け、運動方向が変わる様は、まるで周囲の流れに身を任せる浮草のようです。マリアナ弧での背弧拡大は現在も続いてはいるものの、沈み込む割合のほうが圧倒的に多いため、フィリピン海プレートは数千万年単位の将来には沈み込み切って地上から消えてしまうと考えられています。

　というわけで、研究対象としてはとらえどころがなく、けっこう厄介な存在ですが、日本海形成以降の日本列島に多大な影響を与えてきたことが近年わかってきています。

8.2 フィリピン海プレートによる影響

● 西南日本外帯の火成活動（15 Ma ごろ）

　日本海の拡大がいち段落したころには、西南日本下に沈み込む海洋プレート

図 8.3 西南日本外帯の中新世火成岩の分布

は太平洋プレートからフィリピン海プレートに変わっていきました。このことが、西南日本の火成活動に変化をもたらしました。フィリピン海プレートは太平洋プレートよりもずっと若いので熱く、薄く、軽いプレートです。さらに、15 Ma ごろまで四国海盆が拡大していたので、海嶺の沈み込みと同様に活発な火成活動が引き起こされたと考えられます。しかも、「熱い」プレートが沈み込んだ影響で、火山フロントも海側に移動し、西南日本外帯に 16 〜 13 Ma（ジルコン U-Pb 年代による：Sinjoe et al., 2019）の酸性火山岩や花崗岩を貫入させました（**図 8.3**）。

　とくに紀伊半島東部には、拡大軸近傍の「できたてアツアツ」の四国海盆が沈み込むことにより、「熊野カルデラ」「熊野北カルデラ」「大峰・大台カルデラ」の形成（**図 8.4**）を伴う大規模な火成活動が起こりました。これらのカルデラをつくった噴火は当時の地球全体の気温を 10℃ほど下げ、大量絶滅の引き金となったとも言われています。

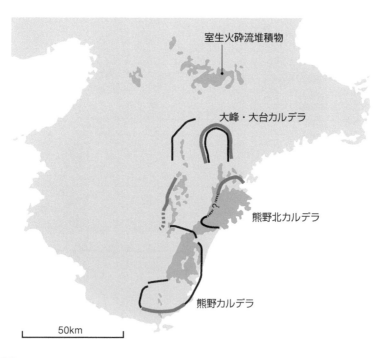

図 8.4　**紀伊半島のカルデラ（佐藤ほか , 2012 にもとづく）**

伊豆－小笠原弧の衝突（15 Ma 〜）

　新生代に入ってから南太平洋で形成されはじめたフィリピン海プレートは、古第三紀後半には、太平洋プレートの縁に沿うように西太平洋を移動してきました。フィリピン海プレートと太平洋プレートがぶつかると、太平洋プレートがフィリピン海プレートの下に沈み込みます。なぜかというと、フィリピン海プレートは太平洋プレートよりも若く、「軽い」からです。同じ海洋プレートでも、表層で冷却されてきた期間の長さによって、密度に差が生まれるのです。

　太平洋プレートの沈み込みにより、海溝と並行するようにフィリピン海プレート上に火山弧が形成されています（1.6 節参照、**図 8.5**）。一時期その火山弧の背弧が拡大しました（四国海盆）。それが収まると、フィリピン海－太平洋プレート境界はほぼ現在の位置に落ち着きました。

　すると、フィリピン海プレート上に形成された火山弧の火山島がプレートの移動に乗って、次々と日本列島に衝突し、めり込んでいきました。15 Ma 以降、大きな衝突は 4 回あり、櫛形山地塊、御坂地塊、丹沢地塊、そして伊豆地塊（現

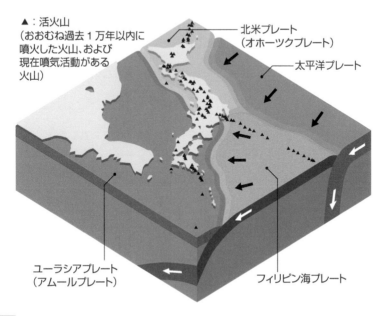

▲：活火山
（おおむね過去 1 万年以内に
噴火した火山、および
現在噴気活動がある
火山）

北米プレート
（オホーツクプレート）

太平洋プレート

ユーラシアプレート
（アムールプレート）

フィリピン海プレート

図 8.5　**沈み込み帯に沿って火山はできる**

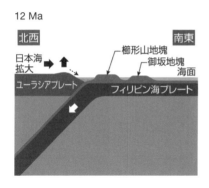

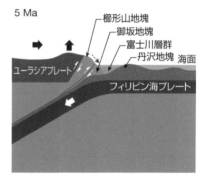

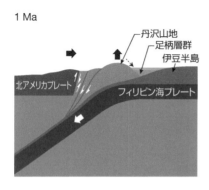

図 8.6 伊豆 – 小笠原弧の衝突（12 Ma ～現在）（天野ほか , 2007 にもとづく）

在の伊豆半島）が、それぞれ衝突しています（**図 8.6**）。

◢ 沖縄トラフの形成（6 Ma ごろ？～）

　琉球海溝では、フィリピン海プレートがユーラシアプレートの下へ沈み込んでいます。その影響により現在進行形で拡大されている背弧海盆が、沖縄トラフです。背弧拡大により、南西諸島は大陸棚から引きはがされました。沖縄トラフは拡大中心が存在する部分を含めて大きく「3 段」の、正断層で囲まれた

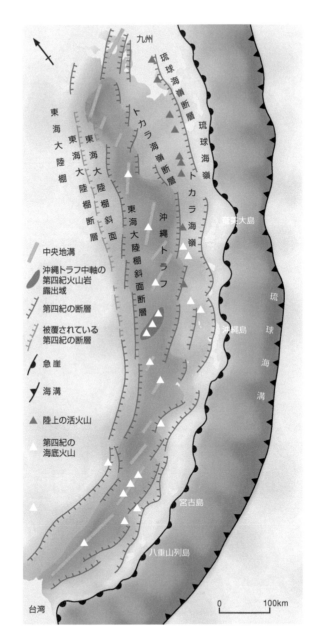

凡例：
- 中央地溝
- 沖縄トラフ中軸の第四紀火山岩露出域
- 第四紀の断層
- 被覆されている第四紀の断層
- 急崖
- 海溝
- 陸上の活火山
- 第四紀の海底火山

地名・地形名：
九州、琉球海嶺断層、琉球海嶺、トカラ海嶺断層、トカラ海嶺、東海大陸棚、東海大陸棚斜面、東海大陸棚断層、東海大陸棚斜面断層、沖縄トラフ、中央地溝、奄美大島、琉球海溝、沖縄島、宮古島、八重山列島、台湾、琉球海溝

0　　100km

図 8.7　沖縄トラフの構造（『日本の地質　九州地方』（共立出版）の図をもとに作成）

細長い地溝状の地形をしています。そして、拡大中心では活発な海底火山活動により新たな海洋地殻が形成されています（**図8.7**）。

その形成段階は

①引っ張りによる複数の正断層の形成と地殻の薄化（リフティング）
②新しい地殻の形成による拡大（スプレッディング）

の2段階に分けられます（**図8.8**）。ここでは、現在わかっていることの最大公約数的な沖縄トラフの形成史を示します（**図8.9**）。ただし、沖縄トラフの研究は発展途上なので、今後、細部に関しては変わっていくかもしれません。

まず、6〜2 Maにかけて南部・中部琉球弧の一部に回転を伴うリフティングが発生しました。琉球弧南部、石垣島・宮古島の堆積層の年代と古地磁気を解析したところ、6〜2 Maの間にユーラシアプレートに対して25°ほど時計回りに回転したことがわかりました。一方で、沖縄島付近の古地磁気データでは有意な回転は認められませんでした。そのため、南部琉球弧が回転を伴って移動したのに対し、中部琉球弧はほぼ平行に移動したと考えられています。

そして、2 Maごろから北部琉球弧でもリフティングがはじまり、琉球弧全体のスプレッディングもはじまりました。北部琉球弧（鹿児島および宮崎南部

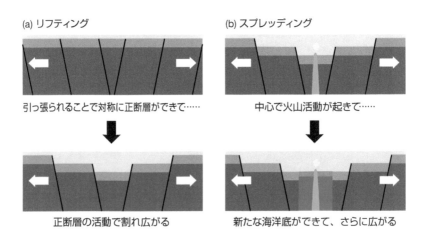

(a) リフティング

引っ張られることで対称に正断層ができて……

正断層の活動で割れ広がる

(b) スプレッディング

中心で火山活動が起きて……

新たな海洋底ができて、さらに広がる

図8.8 **沖縄トラフの2段階の形成。(a) リフティングと (b) スプレッディング**

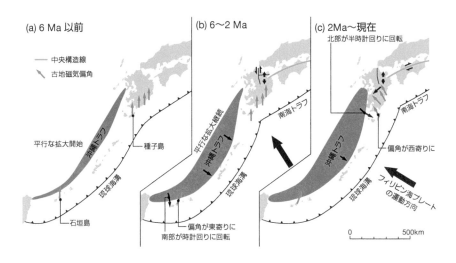

図 8.9 沖縄トラフの拡大過程（小田 , 2007 に引用された図をもとに作成）

を含む）の反時計回りの回転は 2 Ma ごろからはじまり、また 1.5 Ma ごろからフィリピン海プレートの沈み込みによる火山活動がはじまっています。これらにはフィリピン海プレートの運動方向の変化（第 9 章参照）が大きく関わっていると思われます。

　また、琉球弧に分布する堆積岩は、2 Ma 以前は大陸起源の砕屑物が主でしたが、2 Ma 以降はサンゴ礁堆積物に変化します。これは、大陸からの砂泥の供給が 2 Ma ごろに絶たれたことを物語っています。沖縄トラフの拡大により、この時期に琉球弧が大陸棚から完全に分離されたのです。

　沖縄トラフの拡大軸は、南部琉球ではほぼトラフの軸に平行であるのに対し、北に行くほど斜行の度合いが高くなり、九州の西ではほぼ東西になります（図 8.9 参照）。そして、この拡大軸の一部が雲仙火山と考えられています。実際、フィリピン海プレートの沈み込みによる火山フロントである桜島〜霧島〜阿蘇〜九重の火山岩の微量元素組成は、島弧型火山岩の特徴を示すのに対し、雲仙の火山岩は海洋島玄武岩に近い非島弧的な特徴をもちます（中田 , 1993）。また、雲仙火山の位置自体も、火山フロントよりも明らかに大陸寄りです。

　沖縄トラフが雲仙（島原）から向きを変え、「別府 − 島原地溝帯」に連続する、

という説もありますが、これについては次章で扱うこととします。

突然の方向転換（3 Ma ～）

それまで日本付近では北～北北西方向に動いてきたフィリピン海プレートですが、3 Ma に突然、北西～西北西に運動方向を変えました。よりプレートテクトニクス的な言い方をすると、オイラー極が現在の 48.23°N 156.97°E（カムチャッカ半島付近）にジャンプしたのです。その影響は多岐にわたり、

　　・前弧スリバーと中央構造線活断層系の形成
　　・西南日本の変動
　　・東北日本・フォッサマグナの隆起

などを引き起こしたと考えられます。
　その詳細はこの章では語り切れないので、次章に持ち越すことにします。

8.3 プレート移動復元モデルの修正
——日本列島に刻まれた証拠

図 8.2 は、古地磁気のデータのみをもとに復元されたものですが、じつは、いくつか現実との離齬が生じています。
　ひとつは、伊豆−小笠原弧の場所です。大きな塊としては 12 Ma に櫛形山地塊が日本列島に衝突していますが、伊豆−小笠原弧との衝突自体は 15 Ma にははじまっていたことがわかっています。よって、伊豆−小笠原弧は古地磁気による見積もりよりも、もっと東にいなければなりません。
　もうひとつは、外帯の火成岩類の年代が 16 ～ 13 Ma という狭い範囲に集中しているうえに、東西方向で年代の偏りもないことです。この事実は、プレート境界は悠長に西から東へ動いてきたわけがない、ということを意味します。
　よって、古地磁気によるモデルは大ざっぱには正しいと思われるものの、ある程度の修正が必要です。

伊豆－小笠原弧の島々を同じ位置にぶつけるには

　15 Ma に伊豆－小笠原弧をフォッサマグナの位置にぶつけるだけならば、単純に考えて、古地磁気による復元を若干「早回し」するだけで解決します。しかしそれだけでは、御坂地塊以降の衝突位置がだんだんと東にずれていくことになります。現実には、櫛形山地塊～丹沢地塊はほぼ同じ位置に衝突付加しているので、オイラー極を移動させなければなりません。そこで、ほぼ直線（球面上では大円）上に分布する伊豆弧の島々を、15 Ma から「方向転換」（前節参照）のあった 3 Ma にかけて現在の位置にぶつけるためのオイラー極の位置が幾何学的に割り出されました。その位置は、古地磁気による見積もり（15°N 160°E）よりも、20°ほど北に移動した、36°N 150°E でした（高橋, 2006：図 8.10）。

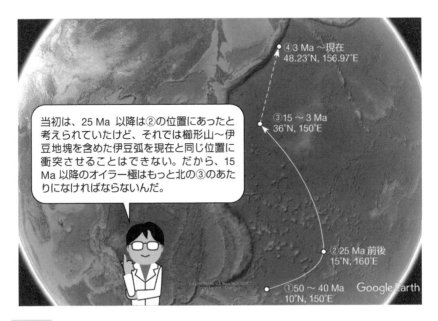

図 8.10　フィリピン海プレートのオイラー極の移動（Google Earth をもとに作成）

西南日本外帯で同時に火成活動を起こすには

　上記のようにアツアツのフィリピン海プレートは、外帯の火成活動を引き起こしました。しかも、16 〜 13 Ma という幅はあるものの、年代に東西の偏りがありません。他方、古地磁気による復元を引きずる「プレート発散境界が西から東に移動していく」モデル（**図 8.11**a）では、花崗岩の形成年代は、西が

(a) 古地磁気による復元（Hall et al., 1995）にもとづくモデル
　　間に合わないうえに、火山活動が東ほど古くなり、
　　さらに伊豆弧の島々が西南日本に順次衝突付加することになる。
　　観察事実と合致しない

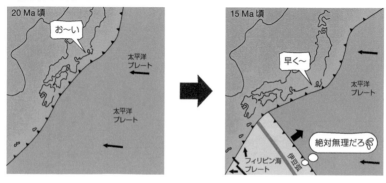

(b) 間に別のプレートがあったら（Yamaji& Yoshida, 1998）
　　平家プレートが間にあったとすることで、
　　火山活動の東西差を抑えたうえで 15 Ma に伊豆弧を衝突させることができる。
　　しかし、物証は沈み込んでしまっている

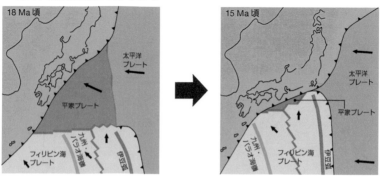

図 8.11 伊豆弧とフィリピン海プレートの挙動の復元例

古く東が若いという偏りができてしまいます。やはりモデルが現実と合わなくなってしまうのです。

そこで、ユーラシアプレートに対するフィリピン海プレートの沈み込みを東西の偏りを少なく開始するモデルがいくつか提唱されています。ひとつは、フィリピン海プレートの北側に存在し、今は沈み込んでなくなってしまった「平家プレート」とフィリピン海プレートとの間の発散境界の平行に近い沈み込みが

(c) 日本列島が「迎えに行く」（Shinjoe et a., 2019）
　　フィリピン海プレートの拡大軸は 15 Ma まで日本列島には触れない。
　　日本列島が背弧拡大で南に動いてくることで、
　　フィリピン海プレートは西南日本下に沈み込みを開始

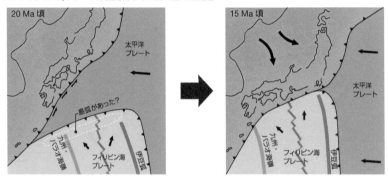

(d) 境界はトランスフォーム断層（Kimura et al., 2005 など）
　　できたての四国海盆は軽いので沈み込むことができず、
　　南からトランスフォーム断層でやってきて、
　　ある程度冷えた 15 Ma ごろに一気に沈み込み開始

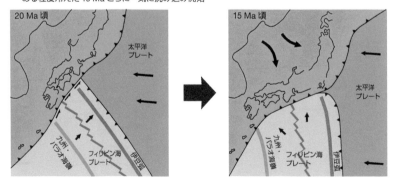

同時火成活動を誘発した、というもの（図 8.11b）。もうひとつは、西南日本の高速回転がフィリピン海プレートを「迎えに行った」というモデルです（図 8.11c）。また、フィリピン海プレートとユーラシアプレートの境界はトランスフォーム断層で、16 〜 15 Ma に沈み込みを開始した、とする考えもあります（図 8.11d）。

　どのモデルが正しいか（あるいはどれも間違っているか）はまだわかりません。今後のさらなるデータの蓄積によって明らかになることを期待しましょう。

余談3　海洋上の火山島列——伊豆・小笠原とハワイの違い

　「伊豆−小笠原弧の衝突」と「ハワイが日本にぶつかる」の違いを説明します。一般の方や他分野の研究者を相手にこの 2 つの話をすると、混同されてしまうことがしばしばです。これらがまったく異なる成因の島列であることを知っていただきたいと思います。

　まず、天皇海山列を含めたハワイの海山−火山島列は、玄武岩質の火山島や海山です。現在のハワイをつくったホットスポットが、その上を動く太平洋プレート上につくってきました。ホットスポットを離れた島や海山は火山活動をやめてしまい、ホットスポットから遠ざかるにしたがって形成年代は古くなります（**図 8.12**）。

　他方、伊豆−小笠原弧は、太平洋プレートがフィリピン海プレートの下に沈み込むことによって形成された火山弧です。その島をつくる岩石は玄武岩もあ

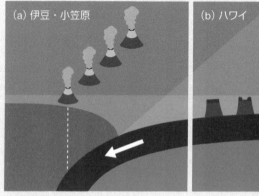
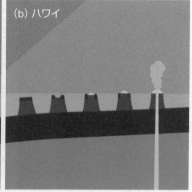

図 8.12　**(a) 伊豆 − 小笠原弧は火山フロント　(b) ハワイはホットスポット**

(a) 現在の様子
（2020 年 11 月 24 日撮影）

(b) 形状の変化
（2013 年 11 月 20 日〜 2017 年 8 月 24 日）

H25/11/20	H26/4/15
H25/12/1	H26/5/21
H25/12/26	H26/7/23
	H26/8/26
	（H：平成）

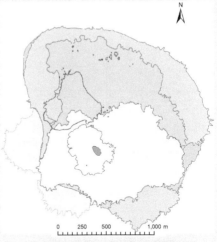

平成 29 年 8 月までの海上保安庁の調査による.
破線は噴火前の西之島の概形をしめす.

図 8.13 **噴火後の西之島の様子と形状の変化（写真・図はいずれも海上保安庁海洋情報部海域火山データベース Web サイトより〈https://www1.kaiho.mlit.go.jp/GIJUTSUKOKUSAI/kaiikiDB/kaiyo18-2.htm#photograph〉）**

りますが、安山岩〜デイサイト質の活動もあり、深部には陸域の地殻に近いトーナル岩やはんれい岩も形成されていると考えられています。伊豆ーマリアナ海溝に沿う沈み込み帯では火山活動が現在も活発なため、新たな島が形成される場合もあります。2014 年には西之島近海で火山活動が起こり、「新島」はもともとあった西之島を飲み込む大きさにまで成長しました（**図 8.13**）。

このように、ハワイと伊豆・小笠原の島列とは、その成因も構成する岩石も異なります。そのため、これらが実際に日本列島にぶつかったあとの振る舞いも異なる、と予想されます。比較的重い玄武岩でできたハワイの島列は、現在の第一鹿島海山のように海溝に飲み込まれてしまうでしょう（1.6 節参照）。他方、伊豆諸島は、安山岩やトーナル岩を含む比較的軽い岩石の集合体なので、その島々は将来、現在の櫛形山ー御坂ー丹沢ー伊豆地塊のように海洋プレートから引きはがされて、陸域の地殻に衝突付加するものと予想されます。

9 フィリピン海プレートの方向転換とその影響

　前章の最後に少し触れたように、3 Ma に起こったフィリピン海プレートの北寄りから西寄りへの運動方向の転換は、現在の日本列島にも大きな影響を与え続けています。大げさではなく、現在の日本列島の地形には、この方向転換の影響が色濃く出ていることがわかってきているのです。

　南海トラフでの斜め沈み込みは新中央構造線をつくり、その運動は瀬戸内海をはじめとする西南日本の地形をつくりました。そして、太平洋プレートの収束境界（日本海溝）の前進による東西圧縮は東北日本を陸化し、日本アルプスをつくりました。ようするに、現在の日本列島の姿は、このフィリピン海プレートの方向転換によって仕上げられたのです。

　現在のフィリピン海プレートの（ユーラシアプレートに対する）オイラー回転軸の極は、カムチャッカ半島付近の 48.23°N 156.97°E にあり、この軸を中心として時計回りに 100 万年に約 1.1°の速さで動いているとされます（Seno, 1993：古地磁気により推定された過去の軸と異なり、当時の観測による結果のため正確です）。このため、現在のフィリピン海プレートの運動速度は南ほど速く、紀伊水道沖で 4.6 cm/ 年、宮崎沖で 5.0 cm/ 年、沖縄本島付近で 6.2 cm/ 年、さらにフィリピン南部ミンダナオ島付近では 9 cm/ 年に達します（**図 9.1**）。よく、「フィリピン海プレートの運動速度は 4 〜 6 cm」と幅のある数字が示されますが、これはプレート運動速度が変動しているからではなく、日本国内でも場所によって速さが異なることを示しているのです。

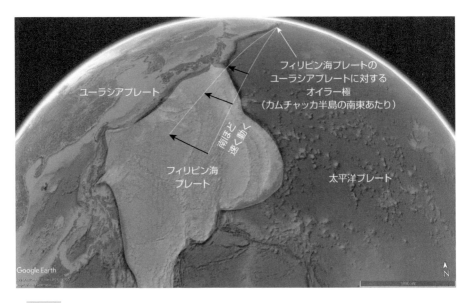

フィリピン海プレートの
ユーラシアプレートに対する
オイラー極
（カムチャッカ半島の南東あたり）

ユーラシアプレート

フィリピン海
プレート

南部ほど速く動く

太平洋プレート

Google Earth

図 9.1 現在のフィリピン海プレートとオイラー極（Google Earth をもとに作成）

9.1 方向転換の原因と余波
——太平洋プレートもろとも……

方向転換の原因

　突然の方向転換の原因については、2 通りの考え方がありました。ひとつは、「太平洋プレートに押されたから」というもの、もうひとつは、「フィリピン海プレートが自発的に方向転換した」というものです。最近では、これらの考えは「どちらとも言えないし、どちらとも言える」とされはじめています。

　日本列島の下には現在、太平洋プレートとフィリピン海プレートという 2 つの海洋プレートが沈み込んでおり、太平洋プレートはさらにフィリピン海プレートの下にも沈み込んでいます。そのため、日本付近では地表から陸のプレート、フィリピン海プレート、太平洋プレートの 3 層構造となっています。フィリピン海プレートは北に、太平洋プレートは西に向かって沈み込んでいます（**図 9.2**a）。伊豆半島沖では

(a) 約15Ma：フィリピン海プレート沈み込みはじめ

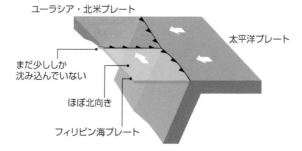

(b) 約3Ma：フィリピン海プレートの先端が
　　　太平洋プレートのスラブにぶつかる

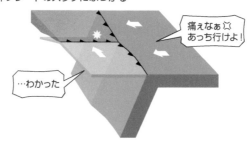

(c) 3Ma以降：フィリピン海プレートはこのままでは
　　　沈み込めないので運動方向を西向きに変更

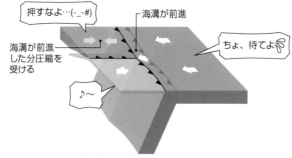

海溝は離れられないので、フィリピン海プレートの
西進に合わせて海溝も西進
その影響で東北日本が東西圧縮を受ける

図9.2 太平洋プレートとフィリピン海プレートの関係の模式図

①太平洋プレート↘北アメリカプレート
②太平洋プレート↘フィリピン海プレート
③フィリピン海プレート↘ユーラシアプレート

という組み合わせの3つの海溝が一点で交わっています。3つの海溝が交わる場所は世界でも珍しく、これを**海溝三重点**と総称します。

　若いプレートであるフィリピン海プレートは、あまり深くまで沈み込んでいませんでしたが、3 Ma ごろにフィリピン海プレートのスラブの下の端が太平洋プレートのスラブにぶつかり、それ以上沈み込めなくなりました（図9.2b）。そこで、フィリピン海プレートは北向きから西向きに運動方向を変えることで、沈み込みを継続しました。つまり、方向転換のきっかけは太平洋プレートですが、方向転換を決めたのはフィリピン海プレート自身の力学的要因（北に行けないなら西に行こう）である、というわけです。

方向転換の余波

　この方向転換が、もうひとつの事態を引き起こします。

　プレート収束境界の力学的結びつきは非常に強力で、ここを引き離すことはできません。そのため、太平洋プレートとフィリピン海プレートの収束境界である伊豆・小笠原海溝は、方向転換後のフィリピン海プレートの動きに合わせて西進せざるをえなくなりました。それに引きずられるように、日本海溝も西進しはじめます（図9.2c）。その結果、陸のプレート上の東北日本やフォッサマグナ地域は強い強い東西圧縮を受けることになったのです。

　海溝の前進（西進）による東西日本の圧縮に関しては、高橋 (2018) の厚紙を用いたアナログモデルが非常にわかりやすく、説得力もあります。この模型をつくるのに必要な材料・道具は簡単に手に入るので、興味のある方は試してみてください。

日本海溝の前進と東北日本・フォッサマグナの隆起

　7.2 節で述べたとおり、日本海形成直前（18 ～ 15 Ma）に形成された火山フロントは現在、東北日本と西南日本で 230 km ほどのずれがあります。しかし、

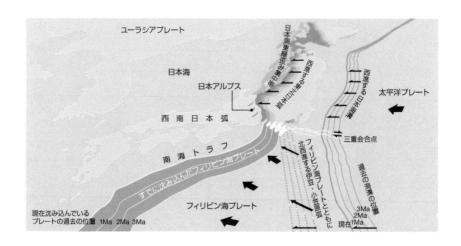

図 9.3 東北日本はもっとずれていた？（髙橋, 2006 にもとづく）

3 Ma 以降の動きを考慮すると、そのずれはもともとさらに大きく、300 km
ほどあったのかもしれません（**図 9.3**）。日本海形成以降、圧縮場、伸長場と
なるのを繰り返しながら、奥羽山脈の一部や北上山地などは陸化していたもの
と思われます（**図 9.4**a）。

　しかし、フィリピン海プレートを"仕方なく追いかける"形で伊豆・小笠原
海溝および日本海溝が前進すると、この状況が一変し、強力な東西圧縮がはじ
まりました。それにより、大半が海面下であった東北日本は急速に隆起し、陸
化していきました（図 9.4b）。また、東西圧縮は東西日本のつなぎ目である
フォッサマグナも隆起させました。とくに西縁にあたる日本アルプスを急激に
隆起させ、日本列島を急峻な島国に変えていったのです。

9.2 西南日本の変動──前弧スリバーの形成

　新中央構造線が、フィリピン海プレートの斜め沈み込みに起因する前弧スリ
バーの運動によって活動する横ずれ活断層であることは、7.3 節で述べたとお
りです。では、その活動範囲はどのようにして決まるのでしょうか？　その活

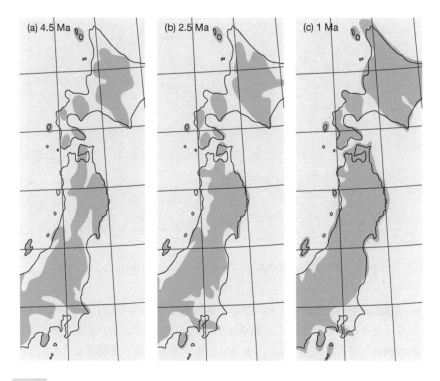

図9.4 **3 Ma 前後の東北地方の陸域の変遷（鹿野ほか, 1991 にもとづく）**

動は日本列島にどのような影響を与えているのでしょうか？

前弧スリバーはどこまで続く？

　フィリピン海プレートは四国沖〜紀伊半島沖では斜めに沈み込んでいますが、プレート境界自身が南に折れているために、宮崎沖ではほぼ垂直に沈み込んでいます。そのため、九州では横ずれを起こす必要がなくなり、中央構造線活断層系は断絶します。横ずれの末端は、大分近辺の「枝分かれした活断層群」であると思われます（**図9.5**）。

　他方、東に目を転じると、駿河湾〜伊勢湾沖では宮崎沖同様にプレートの運動方向は境界に対して垂直に近いので、横ずれを起こす要素はありません。よっ

南海トラフおよび日向灘での沈み込みの角度（Google Earth をもとに作成）

て、紀伊半島を横断する横ずれ断層の痕跡はあるものの、現在顕著に横ずれ断層が発達しているのは紀伊半島中部の金剛山地以西です。それ以東の紀伊半島中部の奈良盆地等の南北に延びる地溝状の盆地の存在は、地殻の東西方向の伸長を示します。中央構造線以南が西進することにより地殻が東西方向に引っ張られているのです。

　つまり、かつての前弧スリバーの範囲は伊勢湾付近までありましたが、現在の範囲は、新中央構造線が顕著な九州東部〜紀伊半島中部ということになります。

✒ 波打つ前弧スリバーと引きずられる内帯

　前項で見たとおり、前弧スリバーは短縮されました。その短縮量を計算してみましょう。南海トラフの斜め沈み込みが3 Maにはじまり、横ずれ変位量が1.9 cm/ 年（図9.5より）として計算すると、前弧スリバーの総短縮量は 57 km と見積もれます。

　この短縮分は、前弧スリバーが「波打つ」ことによって消費されたと考えられます（**図 9.6**）。具体的には、西から日向灘・土佐湾・紀伊水道・伊勢湾が沈降し、足摺岬〜石鎚山・室戸岬〜剣山・紀伊半島が隆起しています。この運

図中のラベル: 日向灘　山鋸石・番禺足　土佐湾　室戸岬・剣山　紀伊水道　紀伊半島　伊勢湾　南　海　ト　ラ　フ

図 9.6 波打つ前弧スリバーと外帯の地形（「波打ち」は強調して表現）

動は現在でも続いており、その影響で九州中部は東西に圧縮されています。また、内帯側でも右横ずれに引きずられるように北東－南西系の隆起・沈降の繰り返しができました。具体的には、西から大島〜因島・小豆島〜家島諸島・淡路島が隆起した一方、安芸灘〜伊予灘・燧灘、播磨灘・大阪湾が沈降することで現在の瀬戸内海ができたと考えられています（**図 9.7**：杉山, 1992）。

昔の「瀬戸内海」

　堆積物の対比から、瀬戸内海の形成は伊勢湾付近からはじまり、その沈降域は時を経るとともに西に移動していったことが読み取れます。この時期に堆積した淡水〜浅海の堆積物を「第二瀬戸内累層群」と総称し、そのときの水域を「第二瀬戸内海」と呼びます（**図 9.8**）。そして、現在の瀬戸内海は「第二瀬戸内海が進化したもの」と解釈されています。

　なお、「第一瀬戸内海」は、日本海形成初期の背弧拡大の余波で形成された海域（現在の岐阜県〜中国山地の北寄り）を指します（**図 9.9**）。ただし、中国地方と中部地方の海域がつながっていた証拠は、今となっては見られません。

　第二瀬戸内海の形成と変化の原因としては、時代を追って、

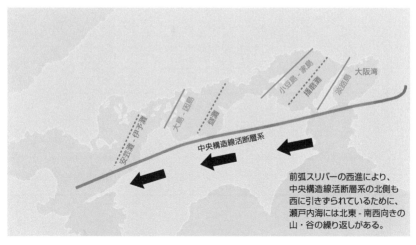

中央構造線活断層系

安芸灘・伊予灘
大島・因島
燧灘
小豆島・家島
播磨灘
淡路島
大阪湾

前弧スリバーの西進により、中央構造線活断層系の北側も西に引きずられているために、瀬戸内海には北東‐南西向きの山・谷の繰り返しがある。

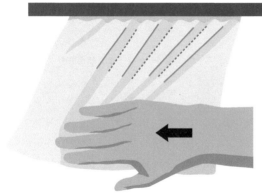

これは、広げて固定した布を一方向に押したときにできる「しわ」と同じ。沈降した「谷」に海水が入り込み、瀬戸内海となった。

図 9.7 横ずれによる雁行構造と瀬戸内海

① 3 Ma ごろ：斜め沈み込みの影響を受け、新中央構造線が**伊勢湾あたりから割れはじめ、次第に西に伝播した**。

② 3 ～ 2 Ma：伊豆 − 小笠原弧の衝突付加に伴って**南海トラフ東部が北に折り曲げられた**。それに従い、伊勢湾〜紀伊半島東部での横ずれ成分が徐々に軽減された。その結果、**前弧スリバー東端は徐々に西に後退した**。

③ 2 Ma 以降：紀伊半島東部〜琵琶湖東岸域は、前弧スリバー東端の後退によりその範囲から脱すると、今度は東北日本〜日本アルプスが被っている**東西圧縮の影響を受ける**ことになった。その結果、鈴鹿山脈〜伊吹山地〜

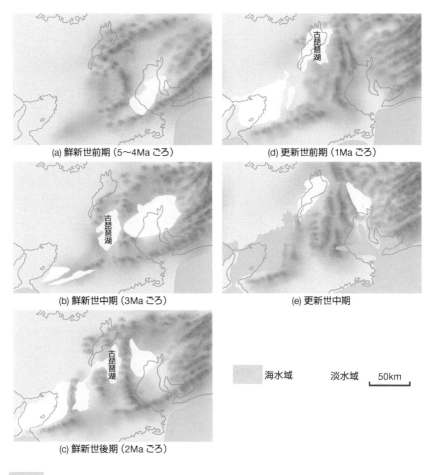

(a) 鮮新世前期 (5〜4Ma ごろ)

(b) 鮮新世中期 (3Ma ごろ)

(c) 鮮新世後期 (2Ma ごろ)

(d) 更新世前期 (1Ma ごろ)

(e) 更新世中期

海水域　　　淡水域　　50km

図 9.8　第二瀬戸内海の変遷（杉山，1992 に引用された図にもとづく）

　　両白山地が隆起した。この隆起の影響で、その位置にあった湖（古琵琶湖）
　　は北上し、現在の琵琶湖となった。

ことが挙げられるかと思います。

第一瀬戸内海および第二瀬戸内海の堆積物の分布

凡例:
■ 第一瀬戸内累層群
□ 第二瀬戸内累層群

中央構造線

9.3 別府 – 島原地溝帯——九州が南北に割れる？

　九州の中ほど、西は島原から熊本、阿蘇の北側を抜けて九重を通り東の別府にいたるあたりには、陥没を示す地形・構造があります。その一部にはごく新しい堆積物も見られます。この陥没した地帯は「別府 – 島原地溝帯」と呼ばれます。2016 年の熊本地震の報道で、その名前を耳にした方もおられるでしょう。その形成に関しては 2 つの説があります。結論はいまだ出ていませんが、基本的には、火山の研究者は沖縄トラフ延長説を、地震・活断層や測地の研究者は東西圧縮説を推す傾向があるようです。

　火山研究者が推す沖縄トラフ延長説をくわしく見ていきましょう。

　8.2 節でも少し触れましたが、沖縄トラフは九州の西側まで続いています。その拡大軸は南部ではトラフの軸と平行ですが、北部に行くに従って東西向きになっていきます。そして、島原火山はこの拡大軸と平行に割れ広がっており、マグマの組成からも背弧の火成活動によるものと考えられています。この「割れ広がり」が九州東部まで続いているのではないか、つまり、別府 – 島原地溝帯は沖縄トラフの延長である、というのがこの説の考え方です（**図 9.10a**）。なお、この説に従うと、九州はいずれ南北に割れてしまうと予想されます。

(a) 沖縄トラフ延長説

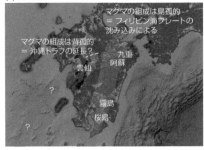

(b) 東西圧縮説

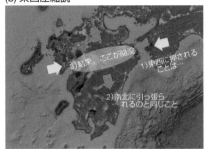

図9.10 別府 – 島原地溝帯の成因に関する説

　しかし、海底を含めた地形は、沖縄トラフが北東方向に延長しているように見えます（図9.10b）。また、桜島〜霧島〜阿蘇〜九重の列は島弧型の火成活動であり、「島弧」と「背弧」の火成活動が交わることがありうるのか、という疑問もありますが、果たして……？

　では、もう一方の東西圧縮説はどうでしょうか。

　フィリピン海プレートの斜め沈み込みは、新中央構造線以南を前弧スリバーとして東に動かしていますが、その先は九州でドン詰まりです。結局、前弧スリバーの波打ちで解消できなかった分の力は、九州中部を東西方向に圧縮することになります。東西方向の圧縮は、力学的には南北方向の伸張と同義です。その結果、九州中部には南北方向に引っ張る力が働くことで東西向きの地溝ができている、と考えられます。

日本酒の仕込み水は、酒造にとって「命」とも言える要素であり、とくに水の硬度は、酒の味に大きな影響を与えることがわかっています。水の硬度とは、水のカルシウム（Ca）・マグネシウム（Mg）含有量を示す指標（**図 9.11**a）です。日本酒の酵母は、硬度が高いほど活発に活動します。そのため、硬度が高い水で仕込んだ酒は、アルコール発酵が進むため糖分が減り辛口に、硬度が低い水で仕込むと糖分が残り甘口になると言われます。

昔からの名醸地である灘（現・神戸市灘区）と伏見（現・京都市伏見区）の酒は「灘の男酒・伏見の女酒」と言われます。これは、全体的に灘の酒が辛口で、伏見の酒が甘口という傾向を表した言葉です。調べてみると、灘の仕込み水である「宮水」の硬度は 180 mg/L、伏見の「伏水」は 80 mg/L 前後でした。仕込み水の硬度と辛口・甘口の関係は一致します。

伏水のほうが低いとはいえ中硬水、宮水にいたっては WHO 基準（図 9.11b）でも立派な硬水です。ところが、日本酒の宣伝文句で「花崗岩で磨かれた軟水で造りました」というものをよく見かけますし、酒呑みの間でも「日本酒には軟水がよい」と思っている人は多いようです。ではなぜ、そのようなイメージがあるのでしょうか？

じつは本来、軟水での酒造は難しいものでした。なぜなら、軟水では酵母が活発に働かないために、酵母以外の菌の活動により腐ってしまうリスクが高いからです。そのような状態を「腐造」と呼びます。明治の末期、広島・安芸津で酒造を営んでいた三浦仙三郎は、自身の蔵の腐造の原因が軟水の仕込み水にあると考え、実験の末に軟水での醸造法を確立しました。この技で造られた酒は当時の品評会で高評価を受け、広島の酒を全国的に有名にしました。とくに西条（現・東広島市）は灘・伏見とならび「日本三大名醸地」と呼ばれるまでになり、同様の手法での酒造は全国に広まったのです。

つまり、「日本酒は軟水」というイメージは、明治も末になってできたものなのです。軟水醸造法の応用に加え、竪型精米機の改良と熊本酵母の発見によって、現在人気の「吟醸酒」が造られるようになりました。これも「日本酒は軟水」のイメージの醸成にひと役買っているものと思われます。

前置きが長くなりましたが、ここからが本題です。地形が急峻で降水量の多い日本は総じて軟水傾向にあります。地域的に硬度を上げる地質的要因としては、①石灰岩、②火山性物質、③新しい浅海性堆積層の存在が挙げられます。石灰岩が含む Ca、Mg の炭酸塩、火山性物質の火山ガラスなどは、基盤岩や花崗岩類を構成する鉱物に比べて溶解・分解されやすく、新鮮な浅海性堆積物は

(a)硬度の計算

水に含まれている Ca と Mg を、すべて CaCO₃ 換算して産出
単位をつける際は mg/L または ppm が用いられる(アメリカ硬度)

質量数 $\begin{cases} Ca：40.08 \\ Mg：24.31 \\ CaCO_3：100.01 \end{cases}$

硬度にもいろいろあるけど、日本では WHO 基準(アメリカ硬度)が最も使われているよ

$$硬度(mg/L) = Ca 濃度(mg/L) \times \frac{100.01}{40.08} + Mg 濃度(mg/L) \times \frac{100.01}{24.31}$$

$$≒ Ca 濃度(mg/L) \times 2.5 + Mg 濃度(mg/L) \times 4.1$$

(b)硬水・軟水の基準(WHO 基準)

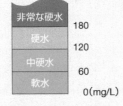

非常な硬水	180
硬水	120
中硬水	60
軟水	0(mg/L)

(C)各都道府県の水道水の平均硬度
(特別展「和食」公式ガイドブックより)

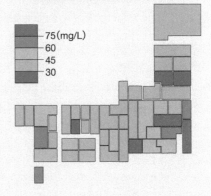

- 75(mg/L)
- 60
- 45
- 30

図 9.11　水の硬度

Ca に富む貝化石などを多量に含むためです。日本の中でも関東と九州および沖縄の硬度が高め(図 9.11c)なのは、これらが原因です。

一連の第二瀬戸内海の成長記(図 9.8 参照)を見ると、海域は一時期、京都盆地にまでおよんでいたことがわかります。このときの大阪湾周辺の堆積物が、大阪層群と呼ばれる、多量の貝化石を含む浅海性堆積層です。宮水や伏水はこの大阪層群から Ca を付与されることで、軟水醸造法なしでも酒造に適した高い硬度をもっているのです。古くから灘と伏見を名醸地に仕立てたのは、第二瀬戸内海の名残だったのです。

他方、第三の名醸地に躍り出た西条ですが、ここにも第二瀬戸内海の名残と言われる地層——西条層——があります。当初は浅井戸の軟水を仕込み水に使っていました。その後、大正時代に水量確保のためべつの深い井戸を掘ったところ、中硬水が得られたために、現在はこちらをおもに使っているそうです。現在の西条も、やはり第二瀬戸内累層群の恩恵を受けていると言えます。

10

日本列島に
残された謎

　微化石の活用によって、日本列島の基盤岩のほとんどが付加体でできていることがわかったのは、第4章で紹介したとおりです。しかし、それらの付加体がどのように積み重なって日本列島をつくっているかに関しては、いくつかの説が立てられたものの、結論は出ていませんでした。また、日本列島にはもうひとつの構造的問題があります。それは、「東北日本と西南日本はつながるのか？」という問題です。近年明らかになったさまざまな事象は、これらの答えを指し示しているのかもしれません。

10.1　黒瀬川帯の起源は？

　日本列島の基盤が付加体からなっているとする考えが浸透しはじめたとき、問題となったのが西南日本における秩父帯の解釈でした。秩父帯はジュラ紀の付加体とされましたが、同じくジュラ紀の付加体とされる美濃・丹波帯が内帯側に存在します。「ジュラ紀の付加体が二重に存在する」という事実は、「大陸側から海洋側へと付加体が順次形成されることで、日本列島が成長した」という考え（**図 10.1**）を否定するものです。とくに秩父帯の中央部に存在する、黒瀬川帯の存在は厄介でした。

　黒瀬川帯の大部分はペルム系の付加体からなりますが、黒瀬川構造帯と呼ばれる部分を含みます。黒瀬川構造帯は、蛇紋岩の中にシルル紀の花崗岩類（三滝火成岩類）、シルル～デボン系堆積岩類（横倉山層群）など多種多様な岩体

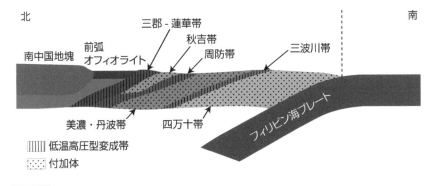

北 南

南中国地塊　前弧オフィオライト　三郡 - 蓮華帯　秋吉帯　周防帯　三波川帯

フィリピン海プレート

美濃・丹波帯　四万十帯

|||||| 低温高圧型変成帯
∷∷∷ 付加体

図 10.1 **南から付加したから北ほど古い、とする考えの例**

が存在する蛇紋岩メランジュの様相を呈しています。これらの古い岩石の存在や産状は、昔から地質学者を悩ませていました。

4つの仮説

　黒瀬川帯の起源を説明する、おもな4つの仮説を紹介します。**図10.2**を見ながらお読みください。

仮説①：秩父帯は遠くからやってきた「黒瀬川古陸」

　日本の地質学界で地向斜 vs. 付加体のバトルが繰り広げられていたころ、欧米ではテレーン説が流行し、独立した地質体であるテレーン[1]を供給するパシフィカ[2]という大陸が想定されました。この仮説は、黒瀬川帯がこのパシフィカから分離した「黒瀬川古陸」に由来する、といった考えです。

　黒瀬川古陸はシルル紀花崗岩を核として古生代〜中生代堆積岩で構成されており、それが大陸縁に衝突付加したものとされました。また、南部北上帯も同

※1　テレーン：大陸縁は、海洋プレート上の高まり（島弧・海洋島・海台など）が各々衝突付加して成長したとする考えが1980年ごろに提唱された。これをテレーン説と呼び、独立に衝突付加した各々の地質体をテレーンと呼ぶ。付加体の形成過程が明らかとなった現在では否定されている。

※2　パシフィカ：環太平洋の「テレーン」のもとは、かつて南太平洋に存在し、分裂した大陸から供給された大陸片だとする説が提唱された。その仮想の大陸につけられた名前。テレーンとともにその存在は否定された。

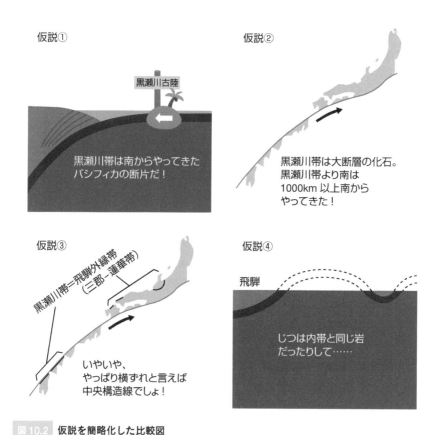

仮説①

黒瀬川古陸

黒瀬川帯は南からやってきた
パシフィカの断片だ！

仮説②

黒瀬川帯は大断層の化石。
黒瀬川帯より南は
1000km 以上南から
やってきた！

仮説③

黒瀬川帯＝飛騨外縁帯
（三郡－蓮華帯）

いやいや、
やっぱり横ずれと言えば
中央構造線でしょ！

仮説④

飛騨

じつは内帯と同じ岩
だったりして……

図10.2 **仮説を簡略化した比較図**

様にパシフィカ起源の地塊と考えられました（勘米良ほか, 1980など）。

　しかし、黒瀬川帯および南部北上帯の堆積物の産状などからは、それなりの規模の大陸（あるいは島弧）縁辺の堆積環境が想定されるのに対し、大陸性の地塊（花崗岩など）は多くありません。その決定的なほどのアンバランスが問題点でした。その後のパシフィカ仮説およびテレーン説そのものの衰退、各種「横ずれ説」（次に紹介する仮説②③）の隆盛により、この説はあまり顧みられなくなりました。

仮説②：黒瀬川帯は基盤岩を「サンプリング」した横ずれ断層の「化石」

　黒瀬川帯は、もとはマントルまで達する大規模横ずれ断層であり、この断層の南側が断層に沿って1000 kmほど北上してきたもの、と考えられました。

また、断層に沿って上昇したマントル物質が、基盤の岩石を取り込んだうえで蛇紋岩化した、とされました。それが、黒瀬川構造帯が古い岩石を含む種々雑多な岩石を内包する蛇紋岩メランジュ状の産状を呈する理由というわけです（平, 1990 など）。

仮説③：中央構造線は大規模横ずれ断層

3つ目の説は、日本列島形成史をテレーン説に従って解釈したものです。中央構造線より南側は、前期白亜紀から古第三紀にかけて、中央構造線に沿って南から 1500 〜 2000 km ほど大移動してきたテレーンであると考えています。仮説②の「黒瀬川断層説」と共通する点が多く、両仮説ともに「横ずれ説」のひとつとされます。

仮説②との違いは、横ずれ断層としての中央構造線の存在と、古生物地理の連続性により重きを置いたものとなっている点です。また、南部北上帯および黒瀬川構造帯はかつて飛騨外縁帯（三郡 − 蓮華帯を含む）の西方延長であったとし、白亜紀以降の中央構造線の横ずれ運動によって現在の位置にやってきたと考えられていました（田沢, 1993 など）。

仮説④：黒瀬川帯は内帯起源、外帯には「たまたま乗っているだけ」

上記仮説③と同様、飛騨外縁帯と黒瀬川構造帯との類似性に着目しています。しかし、話のつくり方は仮説③とはまったく異なり、黒瀬川構造帯は大規模ナップにより内帯側からもたらされた「外座地質帯」であると考えられています。この考えがもととなり、水平構造説またはナップ説と呼ばれる仮説（次節でくわしく論じます）が考えられました（磯崎ほか, 1990 など）。

横ずれ説の問題点

すでに述べたとおり、横ずれ説の登場により仮説①は顧みられなくなりました。しかし、横ずれ説（仮説②③）も問題が明らかになってきました。

本書7.3節でくわしく論じたように、そもそも「中央構造線」は大規模横ずれ断層ではないので、中央構造線を境とした大規模移動（仮説③）は成り立ちません。また、黒瀬川帯を断層の化石とする説（仮説②）も、黒瀬川帯直下に存在する基盤はジュラ紀付加体の秩父帯以降の新しい付加体のみになるので、古い岩石の混入を説明できません。直言すると、各種横ずれ説は根拠自体を喪失してしまっているのです。

10.2 水平構造説（ナップ説）

前節で紹介した4つの仮説のうち、④の水平構造説（ナップ説）はまだ有望です。ここで、くわしく説明します。

ナップ・クリッペ・フェンスター

ナップ（nappe）という言葉自体はまたもやフランス語で、テーブルクロスを意味します。昔はデッケ（Decke：（独）毛布）という名称も使われていましたが、最近ではナップのほうが主流です。地質用語としては、衝上断層によってある程度の距離を移動し、ほかの地質体の上を覆う異地性の地質体のことです（**図10.3**a）。上盤側がシート状の岩体をイメージさせることから、このような名前がついたものと思われます。昔（プレートテクトニクス確立以前）から、地質学的連続性が説明できない地質体について、どこかよそからきたナップであると説明されてきました。しかし、どのようにして巨大な地質体が長距離移動してくるのかは、うやむやにされてきました。

ところが、プレートテクトニクスの考えが定着することで、状況が変わります。水平方向の移動が当たり前と認識されると、ナップのような構造が従来の想定よりも簡単に形成されうる、と考えられるようになってきました。なぜな

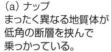

（a）ナップ
まったく異なる地質体が
低角の断層を挟んで
乗っかっている。

（b）クリッペ
山の上や向斜部にのみ
見られる地質体。

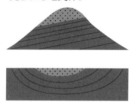

（c）フェンスター
背斜部にのみ見える地質体。
「地下が見える」という意味から
「地窓」とも。

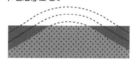

図10.3 **ナップ・クリッペ・フェンスター**

ら、プレート収束境界自体が、「巨大なナップ製造機」になりえるからです。

　加えて、クリッペとフェンスターという地質用語があります。この2つは、水平構造説を理解するうえで重要なので、ここで説明しておきましょう。**クリッペ**（Klippe：（独）崖）とは、前述のナップが地形・地質的に「取り残された」状態をいい、「根なし地塊」とも呼ばれます。たとえば起伏に富む地形で上盤の地質体が山の上に乗っている状態や、向斜状構造[※3]の軸部に残されている状態を指すものです（図10.3b）。**フェンスター**（Fenster：（独）窓）は日本語では「地窓」と呼ばれます。その名のとおり、地下の地質体が見える窓のことで、たとえば背斜状構造[※3]の軸部に見えている状態などを指します（図10.3c）。

◆ 水平構造説——その証拠と特徴

　沈み込むプレートがつくる付加体は、陸側（上盤側）に傾斜した構造を呈するであろうと、直観的に考えられてきました（図10.1参照）。しかし実際のところ、付加体がどのような構造をもって重なっているかに関しては、具体的には検討されてきませんでした。

　そんな折、秩父帯の中に、黒瀬川帯の弱変成岩に対応する230〜180 Maという白雲母K-Ar年代をもつ千枚岩類（吾川ユニット）が、クリッペとして産することが発見されました。秩父帯の白雲母K-Ar年代は130〜120 Maなので、これに比べると明らかに古く、このクリッペは黒瀬川帯に対応する地質体と解釈されました。

　この一見不思議な現象は、1ヵ所だけではなく秩父帯のいたるところで発見されます。さらに、内帯の長門構造帯や飛騨外縁帯との産出岩石の類似性から、黒瀬川帯全体が内帯起源のクリッペである、との考えが生まれました。それをさらに拡張し、日本列島の構造を全体的に波打った水平に近い構造であると考えるのが、水平構造説です。

　さらに近年の砕屑性ジルコン年代の解析により、秩父帯の北側にある三波川帯の大半の原岩の付加年代が後期白亜紀であることが明らかになりました（3.4節参照）。この事実は、秩父帯全体がクリッペであり、かつ三波川帯がフェン

※3　背斜状構造と向斜状構造：褶曲した地層の、上に凸の形状を背斜状構造（アンチフォーム）、下に凸の形状を向斜状構造（シンフォーム）と呼ぶ。この場合、地層の新旧は限定されない。くわしくは山北・大藤 (2007) を参照。

スターであることを強く印象づけました。

水平構造説の特徴としては、

①内帯と外帯とが統一的に論じられるために、黒瀬川古陸説のように、複数の沈み込み帯を想定する必要がなくなる。

②黒瀬川帯のみではなく日本列島全体として、どの地質帯が地表に現れるかは削剥レベルによって制御される。

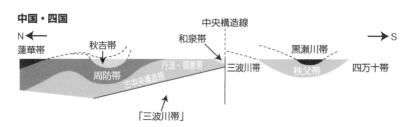

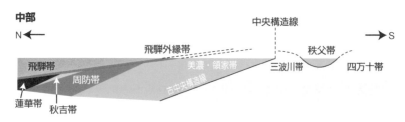

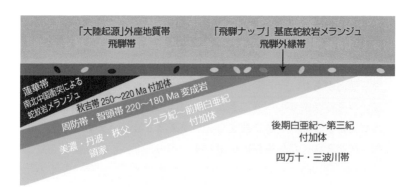

図10.4 中四国・中部地方における模式断面図

といった点が挙げられます。

①を具体的に示すと、外帯の秩父帯と内帯の美濃・丹波帯とは本来同じジュラ紀付加体であり、背斜状構造でフェンスターとして露出した三波川帯によって分断されています。同様に黒瀬川帯も、内帯の三郡−蓮華帯と基本的に同じものだと考えられます。両者は南北中国地塊の衝突により形成された蛇紋岩メランジュであり、形成以来、大陸地塊と新たに形成された付加体との間に薄く存在し続けてきました。つまり、黒瀬川帯が「ナップの残滓」であるクリッペであることには変わりはないのですが、「上盤が付加体の上にのし上がった」というよりは、「下盤に新たな付加体が付け加わった」といったほうがイメージしやすいかと思います。

②の具体例を挙げると、九州では削剥レベルが浅いために黒瀬川帯が広く分布しています。また、三波川帯が九州や紀伊半島で「消失」する理由も、削剥レベルの違いであると、単純に説明することができるのです（**図10.4**）。

10.3 白亜紀前弧堆積盆と「失われた和泉帯」

和泉層群は、「中央構造線」の北側に沿って四国から紀伊半島にかけて狭長に分布する後期白亜紀の整然層です（**図10.5a**）。その帯状の分布域から**和泉帯**とも呼ばれます。**古くから「白亜紀から活動する中央構造線によってつくられた横ずれ堆積盆（細長いプルアパートベイスン）」と考えられてきました**（平ほか , 1981 など）。岩相から北縁相・主部相・南部相に分けられ、礫岩に富む北縁相および南部相に挟まれた砂岩を主とする主部相、という構成は、いかにも北縁・南部相を基底とする堆積盆を思わせます（図10.5b）。さらに東に向かって若くなる傾向があり、その構造は「中央構造線」の横ずれ運動による堆積中心の移動がつくったと考えられてきました（図10.5c；宮田ほか , 1994 など）。なお、北部は領家帯と不整合で接することが確認されていますが、南部は「中央構造線」に切られており基盤は不明です。

そのうえ和泉帯内部だけではなく、西から九州の御所浦層群→姫浦層群→御船層群→大野川層群、そして和泉層群という順番で、横ずれ堆積盆の堆積中心が時代とともに東に移動してきたとも考えられていました。本書では、これら

(a) 和泉層群の分布

和泉層群

中央構造線（MTL）

物部川・南海・
外和泉層群など

b

(b) 紀伊半島における和泉層群の層序（牧本ほか, 2004 を簡略化）

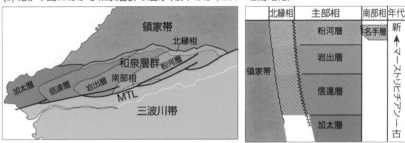

領家帯

北縁相

和泉層群　粉河層

南部相

加太層　信達層　岩出層　MTL

三波川帯

	北縁相	主部相	南部相	年代
領家帯		粉河層	名手層	新 ↑ マーストリヒチアン 古
		岩出層		
		信達層		
		加太層		

(c) かつて考えられた、和泉層群の成因

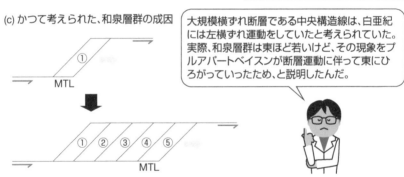

① MTL

① ② ③ ④ ⑤ MTL

大規模横ずれ断層である中央構造線は、白亜紀には左横ずれ運動をしていたと考えられていた。実際、和泉層群は東ほど若いけど、その現象をプルアパートベイスンが断層運動に伴って東にひろがっていったため、と説明したんだ。

図 10.5 和泉層群の分布とかつての成因論

　和泉層群と連続するとされる西南日本内帯の白亜紀堆積層を、和泉帯と称します。

　しかし何度も言うように、**中央構造線は白亜紀から活動もしていなければ、大規模横ずれ断層でもありません**。では、和泉帯の本来の姿とは、どのようなものでしょうか？

和泉帯の本当の姿──白亜紀〜古第三紀前弧堆積盆

　和泉層群以外にも、白亜紀の整然層は全国に存在します（**図10.6**）。砕屑性ジルコンの年代構成は、太平洋側に存在するそれらの整然層の多くが、和泉層群と共通の後背地をもつ前弧海盆堆積物であることを示しています。和泉層群は四国や紀伊半島西部では 10 km ほどの幅を残していますが、「和泉帯」の断片は、西は九州、東は古中央構造線沿いに関東山地まで続いていることが確認されているのです（長谷川ほか, 2019, 2020; 堤ほか, 2018 など）。

　また、和泉層群の南部相は有効な示準化石を産しないため、堆積年代は不明でしたが、接する主部相と同じ時代の粗粒な部分と考えられてきました（図10.5b 参照）。ところが、砕屑性ジルコン年代測定により、南部相の堆積年代は古第三紀暁新世以降であることが明らかになったのです（磯﨑ほか, 2020）。堆積盆の地層は通常対称に堆積するので、この結果は、和泉層群の南側の多く

図10.6 白亜紀末〜古第三紀前弧海盆堆積物の分布

(a) 古第三紀初頭（60 Ma ごろ）

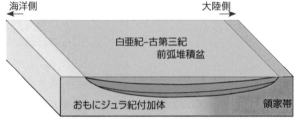

ジュラ紀付加体の大陸側は、後期白亜紀の高温型変成作用を被ったうえに、
花崗岩の貫入を受けた。その上に広い前弧堆積盆が形成されていた。

(b) 始新世中期（42 Ma ごろ）

現在の外和泉－物部川層群を含む部分　現在の和泉帯を含む部分

高圧型変成帯の三波川帯が隆起・露出し、白亜紀-古第三紀堆積層を分断した。
海洋側のジュラ紀付加体を主とする基盤は、現在の秩父帯である。

(c) 漸新世中期（30 Ma ごろ）

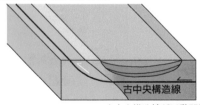

古中央構造線が活動開始。

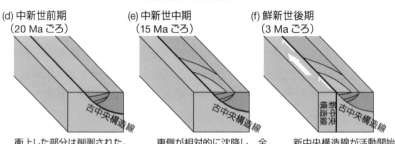

(d) 中新世前期
（20 Ma ごろ）

衝上した部分は削剥された。
和泉帯の南側大部分とともに、
その基盤も失われた。

(e) 中新世中期
（15 Ma ごろ）

東側が相対的に沈降し、全
体的な削剥により「東ほど若
い」構造ができた。

(f) 鮮新世後期
（3 Ma ごろ）

新中央構造線が活動開始。

図 10.7　新たに想定される和泉帯の形成史

が失われてしまったことを意味します。

　さらに、中央構造線を越えた南の秩父帯・黒瀬川帯の上にも白亜紀の堆積物（外和泉層群、物部川層群など）が存在し、年代ごとのこれらの砕屑物の供給源は、和泉帯とまったく同じ傾向を示します（中畑ほか, 2016a, b；長谷川, 2020など）。もし中央構造線が大規模横ずれ断層ならば、これらの砕屑物の供給源は和泉帯とは異なる傾向を示すはずなので、ここでも横ずれ説は否定されます。

　上記の2つの事実を考慮すると、和泉層群を含むかつての白亜紀〜古第三紀前弧堆積盆の幅は、今の和泉帯分布域よりもはるかに広かったのでしょう（**図10.7**a）。そして、まず西南日本では、始新世中期の三波川帯の上昇および露出により内帯の和泉層群などと外帯の外和泉層群などとに分断（図10.7b）、さらに古中央構造線の活動により短縮されたと考えられるのです（図10.7c および d）。「東ほど若くなる」という傾向は「西ほど堆積盆の下部が見えている」ことの現れと思われます（図10.7e）。そして、地表での古中央構造線に沿うように新中央構造線が形成されたことで、「白亜紀に東に向けて成長したプルアパートベイスン」のような見た目になったのです（図10.7f）。

失われた和泉帯と、その基盤

　西南日本は、古中央構造線の活動によって100 〜 150 kmほど短縮しています（図7.12参照）。その短縮によって失われた部分には、白亜紀〜古第三紀前弧堆積盆と7.3節の「失われた地質体」の項で示した基盤岩が存在していたと思われます。その基盤の構成は、ジュラ紀付加体とその変成部、およびそこに貫入した花崗岩類で、そこには「失われた領家帯」や三波川帯の一部も含まれます（図10.7c および d 参照）。西南日本を含め、白亜紀の堆積物には120 〜 100 Ma の砕屑性ジルコンが多産しますが、そのような年代をもつ花崗岩は中部・北部九州と東北の阿武隈山地には広く存在する一方、中国〜近畿〜中部〜関東地方にはほとんど存在しません。

　上記の事実は、白亜紀の前弧堆積盆の基盤とその周辺に、120 〜 100 Ma の花崗岩も普遍的に存在したことを示します。しかし、それらは古中央構造線の活動によって前弧堆積盆の南半分とともに失われたため、中国地方〜関東地方にはほとんど現存しません。そして、**古中央構造線の活動の影響が弱かった、**

あるいはなかった九州および東北にのみ、120〜100 Ma の花崗岩・変成岩が残されていると考えられます。

東北日本と西南日本をつなぐ鍵？

　東北沖には、現在は顕著な前弧海盆はありません。しかし、「漸新世不整合」より下には、白亜紀〜古第三紀前弧堆積盆が残されていることが、海洋掘削や地震波探査によりわかっています（**図10.8**）。その姿は、ここまで説明してきた西南日本にかつて存在した白亜紀〜古第三紀前弧堆積盆と、じつによく一致するのです。砕屑性ジルコンの年代構成も、その堆積盆の一部が地表に地上に露出した東北日本の双葉層群（長谷川ほか, 2020）、さらには北海道の蝦夷層群（石坂ほか, 2021）でも、和泉帯と一致します。

　ここからは筆者の妄想がいくぶん含まれていることを念頭に置いて読んでください。

　白亜紀には、東北日本と西南日本の前弧堆積盆は連続していました。しかし日本海形成の際に、西南日本では古中央構造線の活動により前弧堆積盆とその基盤岩は短縮し、押し出された部分は削剥により失われたと考えられます。さらに、軽いフィリピン海プレートの沈み込み開始により西南日本外帯が隆起したため、西南日本の白亜紀前弧海盆の断片（和泉帯）は内陸に取り残された形

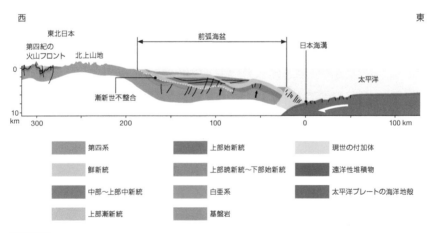

図10.8 **東北沖前弧堆積盆の断面（安藤・高橋, 2017 にもとづく）**

になりました。一方、東北日本では「外帯」の隆起がなかったために、前弧海盆は漸新世の不整合時以外は海中にとどまり続けたのではないでしょうか？　その考えをもとに、さらに古中央構造線による短縮、日本海形成以前の火山フロントの位置、伊豆−小笠原弧の衝突による折れ曲がり、沖縄トラフ形成による南九州の折れ曲がりを考慮した、白亜紀末〜古第三紀初頭の古地理図が**図10.9**です。

この妄想がもし当たっていたら、東北東岸沖の海底よりさらに深い東北前弧海盆の基盤には、西南日本では失われてしまった基盤岩類が残されている可能性があります。

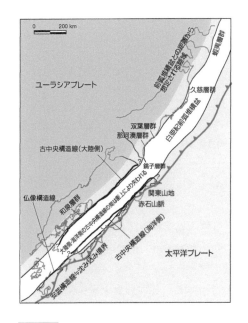

図10.9　白亜紀末の日本の想定古地理図。全体の配置は高橋・安藤 (2016)、古中央構造線の影響は磯﨑ほか (2011) を参考とした。九州南部はいわゆる「北薩の屈曲」を直線状に戻すことを想定。

10.4 「15 Ma が忙しい」のは偶然か？

日本列島の形成史において、16 〜 15 Ma は非常に目まぐるしいです。日本海が開いてすぐ外帯の火成活動、さらに伊豆−小笠原弧の衝突がはじまります。まるで連携したかのような絶妙のタイミングです。では、これらの現象は別個に起こったのでしょうか。それとも、理由があって連続したのでしょうか。

日本海形成とその後の日本列島とその周囲の変動は、日本海溝、伊豆・小笠原海溝、南海トラフが交わる海溝三重点の移動によって引き起こされた、とする考えが、高橋（2017）に説かれています。幾何学的制約があるため、海溝

三重点の移動は３つのプレートに大きな影響を与えます。

　太平洋プレートがロールバック（2.5 節参照）することにより、海溝三重点が移動しました。すると、ほかのプレートはロールバックによる急速な引っ張りに耐えきれなくなり、日本海・千島海盆・四国海盆が裂けた、とするのがこの説の考えです。海溝と三重点がなすジッパーを無理やり閉めたために布（ユーラシアプレートとフィリピン海プレート）が破れる様子にたとえられています（図 10.10）。できたての四国海盆は軽いために沈み込めず、ユーラシア・フィリピン海プレート境界はトランスフォーム断層となり、四国海盆が活動を停止し冷えた後、フィリピン海プレートは一気に沈み込みをはじめた、としています。

　外帯火成活動の詳細な年代が得られた現段階では若干の年代的齟齬があるものの、非常に魅力的な説だと思います。この説のさらに興味深い点は、海溝三重点の存在はフィリピン海プレートが存在するからであり、3 Ma の方向転換も含めると、**日本列島を現在の形にした黒幕はフィリピン海プレート**である、という結論にいたるところです。藤岡（2018）などでも海溝三重点は重要な犯人と位置づけられ、多くの研究者に目をつけられているようです。「伊豆弧がぶつかった」「千島弧がぶつかった」「日本海が開いた」などの事象が起こったことは今となっては動かしようのない事実と認識されています。しかし、それらがなぜ、どのように起こったのか、についてはいまだ議論は決着していないのです。

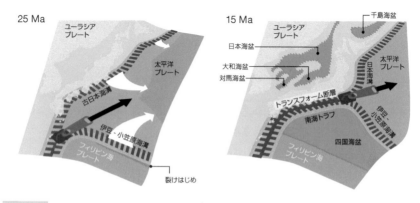

図 10.10　**すべてはフィリピン海プレートが原因か？**（高橋, 2017 にもとづく）

日本列島の基盤
——各論

　日本列島の原型は、南中国地塊の縁で形成された付加体でした。南北中国地塊の衝突により、その大部分が蛇紋岩メランジュ化したと考えられています。ペルム紀後期ごろに起きたとされるこの衝突以降は、再び断続的に付加体が形成されました。これが、現在の日本列島の基盤の大部分を占めます。そして（地質学的時間スケールでは）最近、日本海の形成、伊豆火山弧・千島火山弧の衝突、3 Ma 以降の東西圧縮を経て、日本列島は現在の形になりました。

　ここまでの文中でもいくつかの地質体（帯）名が出てきましたが、以下で個別に解説しますので、地質分帯図（**図 11.1**）や西南日本の模式断面図（**図 11.2**）と見くらべてみてください。

　なお、東西日本の境界は、以前は棚倉構造線とされてきましたが、本稿では利根川構造線を東西の境界として扱います。よって、それより北側の上越帯や足尾帯は東北日本に含めます。

　日本列島の基盤をなす地質帯の種類としては、以下のものがあります。

- ・大陸の断片
- ・大陸衝突帯の痕跡
- ・南北中国衝突によって形成された蛇紋岩メランジュ
- ・ペルム紀（南北衝突）より前の付加体
- ・ペルム紀（南北衝突）以降の付加体
- ・高圧型変成岩
- ・高温型変成岩
- ・後から衝突した島弧

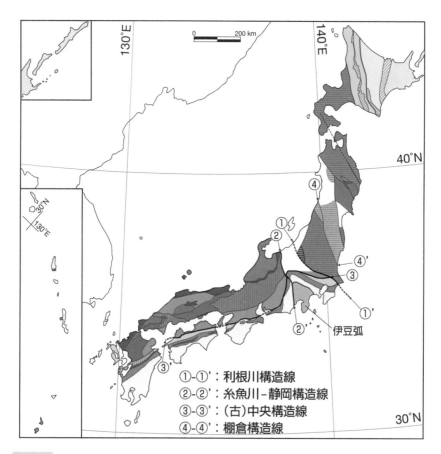

①-①'：利根川構造線
②-②'：糸魚川-静岡構造線
③-③'：(古)中央構造線
④-④'：棚倉構造線

図 11.1 日本列島の地質分帯図

　高圧型変成岩は、付加体の形成と密接な関係があるので、同じ変成帯の原岩
年代と変成年代は、ある程度の範囲内に収まります。一方で高温型変成岩の場
合は、過去の火山フロント付近で形成されたので、変成年代については決める
ことができます。ところが、当時の火山フロントの周囲にどんな年代の地質帯
が存在していたかは無関係なので、原岩年代が一定範囲に収まる保証はありま
せん。よって高温型変成帯は、変成年代の同一性によってのみしか「帯」の連
続性を追うことはできません。たとえば過去の付加体などがなす帯状構造と、
高温変成岩をつくった火山フロントとが斜交していたとすると、変成岩の原岩
はかなりのバリエーションをもつ可能性があります（**図 11.3**）。

	付加年代	付加体	高圧型(変成年代)	高温型(変成年代)	その他
千島	K-Pg	日高帯	常呂帯(K)	日高変成帯	根室帯
東北日本	-				南部北上帯
	[SM]				早池峰帯
	C	根田茂帯			
	[SM]				上越帯
	J	足尾・北部北上・渡島帯			
	€?-K?			阿武隈帯(EK)	
	K-Pg	空知-エゾ帯	神居古潭帯(K)		
西南日本 内帯	-				飛騨帯
	[SM]				蓮華帯
	P-T	秋吉帯	周防帯(T)		
	P-T				舞鶴帯
	J	美濃・丹波帯	智頭帯(J)	領家帯(LK)	
	(T-K)			肥後帯(EK)	
西南日本 外帯	[SM]				黒瀬川帯
	J	秩父帯			
	K-Pg	四万十帯	三波川帯(LK)		

図11.1 （つづき）日本列島の地質分帯図。年代に示した記号は地質年代の略号（付録参照）。また、[SM] は蛇紋岩メランジュを示す。

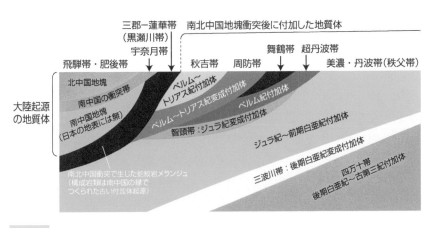

図11.2 西南日本を構成する地質帯の模式断面図

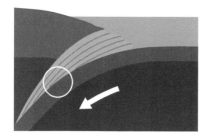

「高圧型」の場合
プレートの沈み込みによって深部へ
→同じユニットであれば
形成〜変成年代は同じ。

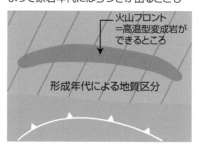

「高温型」の場合
付加によってできた「帯」と火山フロントが
平行とはかぎらない。
よって原岩年代にばらつきが出ることも……

火山フロント
＝高温型変成岩が
できるところ

形成年代による地質区分

図 11.3 高圧型・高温型変成帯の原岩年代・変成年代

11.1 西南日本の地質帯

　西南日本の地質帯は、大局的には海洋側に向かって若くなる傾向があります。ただし、三波川帯がフェンスター的に露出したことによって、（黒瀬川帯を含めた）秩父帯がクリッペとして取り残されたようになっています。その様子は、堆積・付加年代をプロットするとよくわかります（**図 11.4**）。

大陸の断片

飛騨帯：

　花崗岩と片麻岩を中心とする地質帯で、約 250 Ma と約 180 Ma を中心に、約 310 〜 170 Ma という広い年代範囲の花崗岩を産します。高温低圧型の片

図 11.4 西南日本の基盤岩類の付加年代・形成年代・変成年代。原ほか（2018）をもとに『日本地方地質誌』（朝倉書店）の「四国地方」「中国地方」「近畿地方」のデータを加えた。名称もそれらのものを使用。U：ユニット、C：コンプレックス。双方とも付加体地質帯の構成単位を表し、基本的に同じ意味だが、研究者により用法が異なる場合もある。

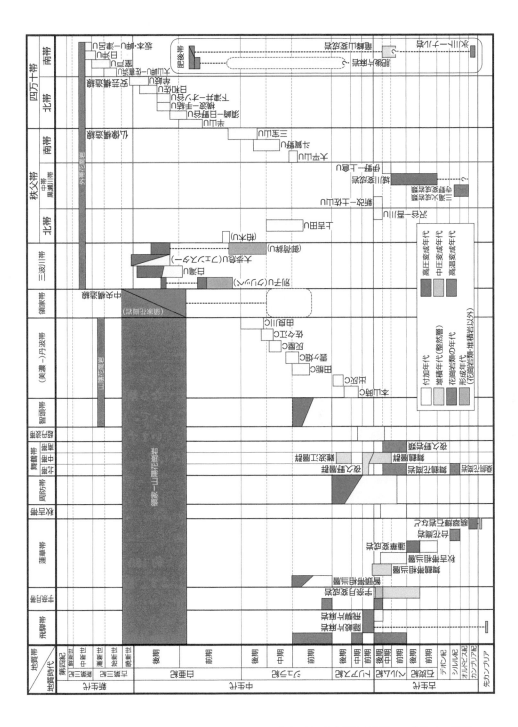

麻岩が示す変成年代は約247 Maで、中圧型の宇奈月変成岩とは異なります（6.1
節参照）。飛騨帯主要部の片麻岩の堆積年代はおそらく前期ペルム紀ごろかそ
れ以前と思われますが、隠岐島後の片麻岩は大陸性の古い岩石を原岩としてい
るようです。年代や岩石の構成から、北中国地塊の岩石に対比されます。

◧ 大陸衝突帯の痕跡

宇奈月帯：

　面積の関係上、図11.1では表示できませんが、飛騨帯の北東の端に位置し
ます。おもに約258〜253 Maの変成年代をもつ中圧型変成岩からなります。
その変成年代から、朝鮮半島の沃川帯や臨津江帯につながる、南北中国地塊の
衝突帯の延長と考えられます（くわしくは6.1節参照）。

　日立変成岩からごくまれに十字石が見られることや、肥後帯にまれに高圧を
思わせる鉱物の組み合わせが見られることから、それらが中圧型変成岩や超高
圧変成作用の名残であるとする説もあります。しかし、それらは地質帯全体が
「衝突帯である」とするにはあまりにも乏しい証拠なので、本稿では日立変成
岩や肥後帯を衝突帯の痕跡としては扱っていません。

◧ 南北中国衝突によって形成された蛇紋岩メランジュ

蓮華帯：

　520〜480 Maのジルコン年代をもつ翡翠輝石岩（大佐・糸魚川）や、400
Maを超える花崗岩（長門・台花崗岩）、古生代前期の堆積岩類（飛騨外縁帯）・
変成岩類なども含み、300 Maの高圧型変成岩の数km単位の岩体でも特徴づ
けられます。ある程度の規模の300 Ma変成岩体の分布は、福岡三郡地域、蓮
華地域などに見られます。

黒瀬川帯：

　ジュラ紀付加体である秩父帯の中帯にあり、ペルム紀の付加体を主としま
が、その中央部には従来「黒瀬川構造帯」と呼ばれていた蛇紋岩メランジュ帯
があります（詳細は10.1節および10.2節参照）。

ペルム紀より前の付加帯

西南日本には、ペルム紀より古い付加体は、地質帯としては存在しません。ただし、蓮華帯や黒瀬川帯に含まれる高圧型変成岩は石炭紀以前の付加体起源であり、それらは先ペルム紀付加体の断片と考えられています。

ペルム紀以降の付加体

秋吉帯：

九州北部～中国地方に分布し、平尾台、秋吉台、帝釈台、阿哲台などのカルスト台地を含む地質帯です。それらの石灰岩は、石炭紀前期～ペルム紀中期に「秋吉海山」などと仮称される海山の上で形成されました。おもに海山本体の緑色岩、石灰岩と砕屑岩からなり、付加年代はペルム紀中期ごろです。

舞鶴帯：

厳密には付加体ではありませんが、付加体と同列の基盤岩類として扱われることが多いです。おもに大陸性の花崗岩類からなる北帯、ペルム紀の背弧海盆に堆積した整然層からなる中帯、島弧基盤岩とされる南帯からなります。加えて、それらの上に堆積したトリアス紀整然層も含みます。くわしくは 6.1 節を参照してください。

超丹波帯：

極めて狭長な地質帯のために、図 11.1 では有意に表示できませんが、基本的に舞鶴帯の南縁に沿うように分布します。付加年代はペルム紀～トリアス紀にあたり、年代的に秋吉帯と被る部分があります。南北中国衝突直後に大陸縁に付加した秋吉帯と、舞鶴島弧（現在の南帯）に付加した超丹波帯を想定できます（図 6.7 参照）が、いかがでしょうか？

美濃・丹波帯：

中部地方に分布するものを美濃帯、近畿～中国地方のものを丹波帯と称しますが、一括して「美濃・丹波帯」と呼ばれることが多いです。構成する岩石は秋吉帯より一段若く、チャートおよび石灰岩の年代は石炭紀後期～トリアス紀、砕屑岩類はジュラ紀です。

秩父帯：

秩父帯は大きく北帯・中帯・南帯の 3 帯に分けられますが、中帯が最も構

造的上位かつ古く、黒瀬川帯と呼ばれ区別されています（前述「黒瀬川帯」参照）。北帯および南帯は中帯に向かって古くなる傾向があり、全体的に向斜状の構造を示します（図 10.4 および図 11.4 参照）。一般的にジュラ紀付加体と認識されていますが、構造的最下位の北帯北縁および南帯南縁では付加年代が白亜紀最前期にいたります。

四万十帯：

　西南日本の陸上部に露出するものとしては、最も若い付加体です。安芸構造線を境に南帯と北帯に分けられ、北帯は後期白亜紀（一部は前期白亜紀最後期）、南帯は第三紀に付加しており、南ほど若くなる傾向が顕著です。構成岩石は、砂岩および泥岩を主とし、チャートや緑色岩はあまり見られません。

◖ 高圧型変成帯

周防帯・智頭帯：

　1980 年代前半までは「三郡変成岩類」と一括されていましたが、多数の系統的な変成年代（白雲母 K-Ar 年代）測定により、約 300 Ma の蓮華帯、約 220 Ma を示す周防帯、約 180 Ma を示す智頭帯とに分けられました。蓮華帯は南北中国衝突以前の地質帯を含む蛇紋岩メランジュ（6.1 節参照）とされます。一方、周防帯および智頭帯はそれぞれペルム紀〜トリアス紀の付加体（秋吉帯に相当）およびジュラ紀の付加体（美濃・丹波帯に相当）が高圧型変成作用を被った部分と考えられています。

三波川帯：

　白亜紀後期付加体（四万十帯北帯に相当）を原岩とし、変成年代は 90 〜 60 Ma を示します。くわしくは 3.4 節を参照してください。

◖ 高温型変成帯

領家帯：

　三波川帯とともに関東から九州東部まで続く高温型変成帯です。花崗岩の火成年代および変成岩の変成年代は 100 〜 60 Ma（後期白亜紀〜古第三紀暁新世）の範囲にあります。花崗岩は変形を被った「古期領家」と、被っていない「新期領家」とに分けられていましたが、近年の研究では、変形の有無と形成年代

はほとんど関係ないことがわかっています。

　また、花崗岩の年代は「東に行くほど若くなる」と言われており、その原因として、海嶺の沈み込みがつくる三重点の東への移動（図6.11a参照）が考えられていました。しかし、年代の変化は漸移的というよりは段階的であり、この年代変化にはべつの要因がある可能性もあります。

肥後帯：

　肥後帯の片麻岩は、かつては約250 Maに変成作用を受けたものと思われていました。さらに、一部に高圧変成作用の痕跡らしきものが見られたりしたことから、（宇奈月帯も含む）飛騨帯の延長かつ南北中国の衝突帯の一部と考えられたこともあります。

　しかし、新たに得られたジルコン年代は、肥後片麻岩の変成年代は約120〜110 Ma、肥後深成岩類は110 Ma弱を示し、前期白亜紀の変成・深成岩体であることが判明しました。また、片麻岩中の砕屑性ジルコン年代分布から、原岩はトリアス紀〜ジュラ紀の変成した付加体（智頭帯）を主としますが、一部白亜紀の原岩年代を持つ変成岩も確認されています。

　肥後片麻岩は昔から、東北日本の阿武隈帯と似ていると言われてきました。最近得られた年代（花崗岩類の形成年代および変成岩の原岩年代）も類似性を支持し、今後の研究により類似性がよりはっきりする可能性もあります。また、肥後帯の南縁部は竜峰山変成岩と呼ばれており、その原岩は日立変成岩と類似することが指摘されていました。

　肥後片麻岩・竜峰山変成岩と御在所・竹貫・日立変成岩の関係性は、東西日本の連続性を解くカギとなる可能性もあります。

あとから衝突した島弧──伊豆−小笠原弧

　フィリピン海プレートに太平洋プレートが沈み込むことによってできた火山弧が、フィリピン海プレートの動きに乗って、15 Maごろから衝突し続けています（8.2節参照）。地質帯としての名前は、とくにつけられていません。

11.2 東北日本の地質帯

大陸の断片と思われる地質帯

南部北上帯：

オルドビス紀〜シルル紀（約450 Ma）の花崗岩類を中心とし、オルドビス紀以降の古生代および中生代の堆積物が広く覆っています。日本列島の中では特異的に古生界整然層が残っている、最も大陸的な特徴を残す地質体です。ペルム紀以前（南北中国衝突以前）の整然層は、南中国地塊由来と思われる年代をもつ砕屑性ジルコンを含んでいるので、これらは南中国地塊の縁で堆積したものと思われます（図6.6参照）。また、南部北上帯の基盤自体が南中国地塊の断片の「生き残り」である可能性もあります。

しかしながら前述のように、本稿では日立変成岩を衝突帯とは考えないため、東北日本には衝突帯の痕跡は存在しません。

南北中国衝突によって形成された蛇紋岩メランジュ

上越帯：

谷川岳頂上付近に、蛇紋岩や300 Ma前後のK-Ar年代を示す高圧型変成岩が露出しており、蓮華帯の延長と考えられてきました。これらは、利根川構造線を東西日本の境界とすると、東北日本に属することになります。

南部北上帯の高圧型変成岩類（松ヶ平−母体変成岩の一部や阿武隈東縁変成岩）も、上越帯や蓮華帯の高圧型変成岩類と対比できる可能性はあります。早池峰帯も蛇紋岩を伴いますが、年代はかなり古く、南部北上帯の基盤の一部と考えられています。

ペルム紀より前の付加体

根田茂帯：

堆積年代は、チャートがデボン紀、砕屑岩類は前期石炭紀とされ、前期石炭紀の付加体と考えられています。ある程度の露出範囲をもつ地質帯としては、

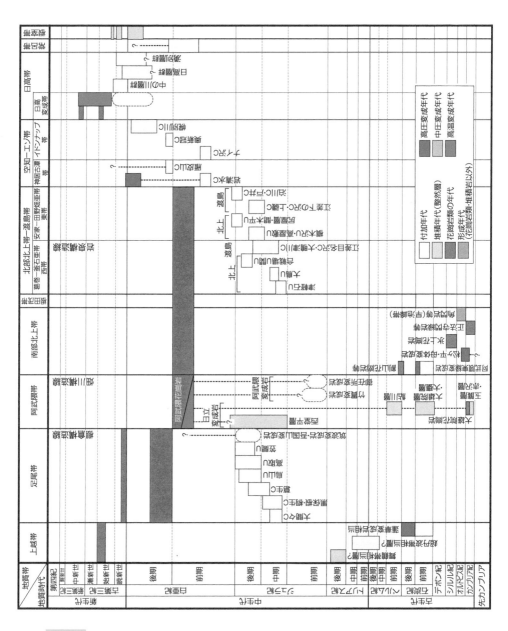

図 11.5 東北日本の基盤岩の付加年代・形成年代・変成年代。『日本地方地質誌』（朝倉書店）の「関東地方」「東北地方」「北海道地方」のデータおよび名称を使用。

日本最古の付加体です。

ペルム紀（南北中国衝突）以降の地質帯

足尾帯・北部北上帯・渡島帯：

　石炭紀付加体（根田茂帯）は存在するものの、東北日本にペルム紀～トリアス紀付加体はありません。そういう意味では、大陸性の南部北上帯を含めトリアス紀以前の地質帯は、日本列島の東西でわりと異なるのかもしれません。

　棚倉構造線が東西日本の境界と考えられていた時代には、足尾帯は西南日本の一員と考えられていましたが、利根川構造線を境界とすると、東北日本の一員となります。年代・岩相的に美濃・丹波帯と同じです。

　北部北上帯は北上山地北部に分布し、岩泉構造線を境に西の葛巻－釜石亜帯と東の安家（あっか）－田野畑亜帯に分けられます。西側はいわゆるジュラ紀付加体ですが、東側は部分的に付加年代が白亜紀最前期にいたり、大陸側から海洋側に向かって若くなる傾向を示します。年代的には、葛巻－釜石亜帯は美濃・丹波帯的、安家－田野畑亜帯は秩父帯的と言えなくもありません（**図 11.5**）。

　渡島帯は北海道の西部を占める北部北上帯の北方延長で、岩泉構造線も同様に連続していると考えられています。なお、渡島帯の東縁は前期白亜紀の火山岩・火山砕屑岩からなる「礼文－樺戸帯」として区別されることが多いですが、本稿では渡島帯に含めています。

白亜紀以降の付加体

空知－エゾ帯：

　東北地方はおそらく構造浸食の影響で白亜紀の付加体を欠くものの、北海道には存在します。空知－エゾ帯は大きく3つに分けられます。

　まず、空知層群と呼ばれる部分です。ここは基本的には付加体ですが、緑色岩やチャートを主体とし、白亜紀の前弧海盆堆積物である蝦夷層群の基盤をなしています。

　付加体らしい付加体としては、東縁をなすイドンナップ帯があります。イドンナップとは地質用語の「ナップ」とは関係なく、アイヌ語に由来する地名らしいのですが、今となってはその語源は不明だそうです。付加年代は前期白亜

紀の前期から後期白亜紀後期にいたります。

　次に紹介する神居古潭帯は、高圧型変成作用を被った付加体で、付加年代はイドンナップ帯に対応しています。

高圧型変成帯

神居古潭帯：

　空知－エゾ帯の中に、地窓状に露出する地質帯です。原岩の堆積・付加年代は前期～後期白亜紀であり、その点では三波川帯と共通します。しかし上昇過程等を考慮すると、単純に「三波川帯の延長」とは言えません。

高温型変成帯

阿武隈帯：

　竹貫変成岩と御在所変成岩という 2 つの変成岩があり、120 ～ 100 Ma の花崗岩類を伴っています。変成ジルコンの年代により、双方の変成年代は 120 ～ 110 Ma と考えられています。しかし、砕屑性ジルコン年代分布は竹貫変成岩が 280 ～ 200 Ma と 1900 Ma 前後を示したのに対し、御在所変成岩は 520 ～ 380 Ma を示したとの報告があります。これらの年代は、2 つの変成岩の砕屑物の供給源が異なり、さらに竹貫のほうの堆積年代は 200 Ma より若いことを示しています。これに加え、御在所変成岩中の変成チャートからはジュラ紀の放散虫化石が発見されています。ジルコン年代と放散虫化石の証拠により、両者の原岩がジュラ紀以降の付加体であることがわかっています。

　また本稿では、変成年代の観点から、日立変成岩も阿武隈帯に含めています。日立変成岩の原岩は陸棚の堆積物と考えられており、その年代範囲はカンブリア紀～ジュラ紀あるいは白亜紀におよぶと考えられます。

あとから衝突した島弧──千島弧

日高帯・常呂帯・根室帯：

　東北日本弧に属する北海道西部（渡島帯～空知－エゾ帯）と、千島弧に属する北海道東部（日高帯以東）とはもともと「べつの島」でした。千島弧の西方

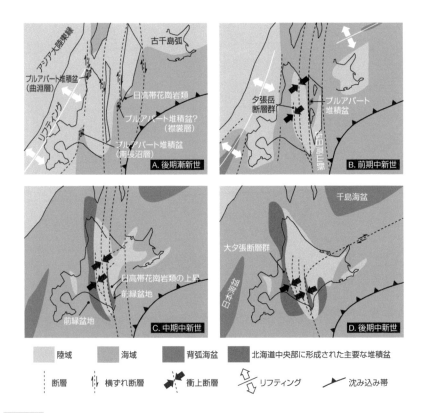

図 11.6　北海道の形成史（日本地質学会 , 2010 にもとづく）

への移動により、15 Ma ごろから 10 Ma ごろにかけて、東北日本弧に横ずれ
を伴いながら衝突した結果、現在の北海道になりました（**図 11.6**）。

　日高帯は後期白亜紀～古第三紀の付加体で、年代的には空知－エゾ帯と重複
するところがありますが、若干若いほうに寄っています。常呂帯は原岩年代が
神居古潭帯に対応する高圧型の変成岩ですが、変成年代はまだ測定されていま
せん。根室帯は白亜紀～古第三紀の前弧海盆堆積物であり、基盤は不明です。こ
れらは空知－エゾ帯と同様に、イザナギ－クラ－太平洋プレートが北アメリカ
プレート（オホーツクプレート）の下に沈み込む収束境界で形成されたものです。

　衝突時に東側が西側に乗り上げる形になったために、その衝突帯には東側の
「地殻の断面」が露出しています。これが、日高変成帯です（**図 11.7**）。

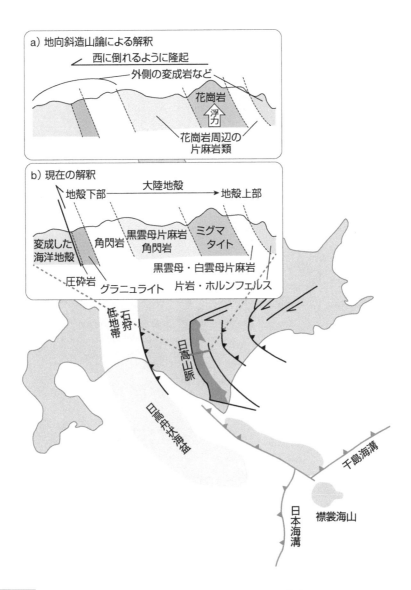

図 11.7 日高山脈断面図の今昔（国立科学博物館, 2006 にもとづく）

(累)界/代	界/代	系/紀	統/世	階/期	年代(Ma)
顕生(累)界/代	新生界/代	第四系/紀(Q)	完新統/世	メガラヤン	現在
				ノースグリッピアン	0.0042
				グリーンランディアン	0.0082
			更新統/世	上部/後期	0.0117
				チバニアン	0.129
				カラブリアン	0.774
				ジェラシアン	1.80
		新第三系/紀(Ng)	鮮新統/世	ピアセンジアン	2.58
				ザンクリアン	3.600
			中新統/世	メッシニアン	5.333
				トートニアン	7.246
				サーラバリアン	11.63
				ランギアン	13.82
				バーディガリアン	15.97
				アキタニアン	20.44
		古第三系/紀(Pg)	漸新統/世	チャッティアン	23.03
				ルペリアン	27.82
			始新統/世	プリアボニアン	33.9
				バートニアン	37.71
				ルテシアン	41.2
				ヤプレシアン	47.8
			暁新統/世	サネティアン	56.0
				セランディアン	59.2
				ダニアン	61.6
	中生界/代	白亜系/紀(K)	上部/後期	マーストリヒチアン	66.0
				カンパニアン	72.1±0.2
				サントニアン	83.6±0.2
				コニアシアン	86.3±0.5
				チューロニアン	89.8±0.3
				セノマニアン	93.9
			下部/前期	アルビアン	100.5
				アプチアン	~113.0
				バレミアン	~125.0
				オーテリビアン	~129.4
				バランギニアン	~132.6
				ベリアシアン	~139.8
					~145.0

(累)界/代	界/代	系/紀	統/世	階/期	年代(Ma)
顕生(累)界/代	中生界/代	ジュラ系/紀(J)	上部/後期	チトニアン	~145.0
				キンメリッジアン	152.1±0.9
				オックスフォーディアン	157.3±1.0
			中部/中期	カロビアン	163.5±1.0
				バトニアン	166.1±1.2
				バッジョシアン	168.3±1.3
				アーレニアン	170.3±1.4
			下部/前期	トアルシアン	174.1±1.0
				プリンスバッキアン	182.7±0.7
				シネムーリアン	190.8±1.0
				ヘッタンギアン	199.3±0.3
		三畳系/紀(T)	上部/後期	レーティアン	201.3±0.2
				ノーリアン	~208.5
				カーニアン	~227
			中部/中期	ラディニアン	~237
				アニシアン	~242
			下部/前期	オレネキアン	247.2
				インドゥアン	251.2
顕生(累)界/代	古生界/代	ペルム系/紀(P)	ローピンジアン	チャンシンジアン	251.902±0.024
				ウーチャーピンジアン	254.14±0.07
			グアダルピアン	キャピタニアン	259.1±0.5
				ウォーディアン	265.1±0.4
				ローディアン	268.8±0.5
			シスウラリアン	クングーリアン	272.95±0.11
				アーティンスキアン	283.5±0.6
				サクマーリアン	290.1±0.26
				アッセリアン	293.52±0.17
		石炭系/紀(C)	ペンシルバニアン亜系/紀	上部/後期 グゼリアン	298.9±0.15
				カシモビアン	303.7±0.1
				中部/中期 モスコビアン	307.0±0.1
				下部/前期 バシキーリアン	315.2±0.2
			ミシシッピアン亜系/紀	上部/後期 サープコビアン	323.2±0.4
				中部/中期 ビゼーアン	330.9±0.2
				下部/前期 トルネーシアン	346.7±0.4
					358.9±0.4

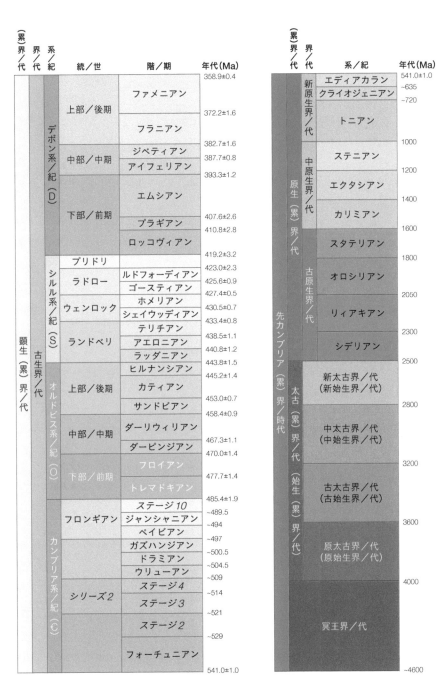

左表

(累)界/代	界/代	系/紀	統/世	階/期	年代(Ma)
顕生(累)界/代	古生界/代	デボン系/紀(D)	上部/後期	ファメニアン	358.9±0.4
				フラニアン	372.2±1.6
			中部/中期	ジベティアン	382.7±1.6
				アイフェリアン	387.7±0.8
			下部/前期	エムシアン	393.3±1.2
				プラギアン	407.6±2.6
				ロッコヴィアン	410.8±2.8
		シルル系/紀(S)	プリドリ		419.2±3.2
			ラドロー	ルドフォーディアン	423.0±2.3
				ゴースティアン	425.6±0.9
			ウェンロック	ホメリアン	427.4±0.5
				シェイウッディアン	430.5±0.7
			ランドベリ	テリチアン	433.4±0.8
				アエロニアン	438.5±1.1
				ラッダニアン	440.8±1.2
		オルドビス系/紀(O)	上部/後期	ヒルナンシアン	443.8±1.5
				カティアン	445.2±1.4
				サンドビアン	453.0±0.7
			中部/中期	ダーリウィリアン	458.4±0.9
				ダーピンジアン	467.3±1.1
			下部/前期	フロイアン	470.0±1.4
				トレマドキアン	477.7±1.4
		カンブリア系/紀(€)	フロンギアン	ステージ10	485.4±1.9
				ジャンシャニアン	~489.5
				ペイビアン	~494
				ガズハンジアン	~497
				ドラミアン	~500.5
				ウリューアン	~504.5
			シリーズ2	ステージ4	~509
				ステージ3	~514
				ステージ2	~521
				フォーチュニアン	~529
					541.0±1.0

右表

(累)界/代	界/代	系/紀	年代(Ma)
先カンブリア(累)界/時代	原生(累)界/代	新原生界/代	エディアカラン 541.0±1.0
			クライオジェニアン ~635
			トニアン ~720
		中原生界/代	ステニアン 1000
			エクタシアン 1200
			カリミアン 1400
		古原生界/代	スタテリアン 1600
			オロシリアン 1800
			リィアキアン 2050
			シデリアン 2300
	太古(累)界/代 始生(累)界/代	新太古界/代（新始生界/代）	2500
		中太古界/代（中始生界/代）	2800
		古太古界/代（古始生界/代）	3200
		原太古界/代（原始生界/代）	3600
	冥王界/代		4000
			~4600

※顕生(累)界/代の各系/紀に付与した記号は略号を表す

225

Bouvier, A. et al. (2008): *Earth and Planetary Science Letters*, **273**, 48-57.

Clift, P., and Vannucchi, P. (2004): *Reviews of Geophysics*, **42**, RG2001.

Cohen, K.M. et al. (2012): International Chronostratigraphic Chart: International Commission on Stratigraphy, www.stratigraphy.org.

Dewey, J. F., and Bird, J. M. (1970): *Journal of Geophysical Research*, **75**, 2625-2647.

Duncan, R. A. and Keller, R. A. (2004): *Geochemistry, Geophysics, Geosystems*, **5**, Q08L03.

Hall, R. et al. (1995): The Philippine Sea plate: magnetism and reconstructions. In: *Active Margins and Marginal Basins of the Western Pacific* (Taylor, B. and Natland, J. eds.), Geophysical monograph, 88, American Geophysical Union, P371-404.

Horie, K. et al. (2010): *Precambrian Research*, **183**, 145-157.

Horie, K. et al. (2018): *Chemical Geology*, **484**, 148-167.

Ichikawa, K. (1964): *Journal of geosciences, Osaka City University*, **8**, 71-107.

Isozaki, Y. et al. (2010): *Gondwana Research*, **18**, 82-105.

Isozaki, Y. et al. (2014): *GFF*, **136**, 116-119.

Kimura, J. et al. (2005): *Geological Society of America Bulletin*, **117**, 969-986.

Lallemand, S. and Jolivet, L. (1986): *Earth and Planetry Science Letters*, **76**, 375-389.

Matteini, M. et al. (2010): *Anais da Academia Brasileira de Ciências*, **82**, 479-491.

Naish, T. R., and Wilson, G. S. (2009): *Philosophical Transactions of the Royal Society A*, **367**, 169-187.

O'Connor, J. M. et al. (2013): *Geochemistry, Geophysics, Geosystems*, **14**, 4564-4584.

Otofuji, Y., and Matsuda, T. (1984): Earth and Planetary Science Letters, **70**, 373-382.

Peucat, J. J. et al. (1989): *Journal of Geology*, **97**, 537-549.

Royer, D. L. et al. (2004): *GSA Today*, **14**, 4-10.

Seno, T. et al. (1993): *Journal of Geophysical Research*, **98**, 17941-17948.

Sharp, W. D. and Clague, D. A. (2006): *Science*, **313**, 1281-1284.

Shinjoe, H. et al. (2019): *Geological Magazine*, **158**, 47-71.

Tagiri, M. (1971): *Journal of the Japanese Association of Mineralogists, Petrologists and Economic Geologists*, **65**, 77-103.

Tagiri, M. et al. (2011): *Island Arc*, **20**, 259-279.

Terada, T., and Miyabe, N. (1928): *Bulletin of the Earthquake Research Institute, Tokyo*

Imperial University, **4**, 22-32.

Yamaji, A. and Yoshida, T. (1998): *Journal of Mineralogy, Petrology and Economic Geology*, **93**, 389-408.

天野一男・松原典孝（2007）：号外地球，**57**，20-25.

安藤寿男・高橋雅紀（2017）：化石，**102**，43-62.

磯﨑行雄・板谷徹丸（1990）：地質学雑誌，**96**，623-639.

磯﨑行雄・丸山茂徳（1991）：地学雑誌，**100**，697-761.

磯﨑行雄ほか（2010）：地学雑誌，**199**，999-1053.

磯﨑行雄ほか（2011）：地学雑誌，**120**，65-99.

磯﨑行雄ほか（2020）：地質学雑誌，**126**，639-644.

市川浩一郎ほか編（1970）：『日本列島地質構造発達史』 築地書館.

上田誠也（1989）：『プレート・テクトニクス』 岩波書店.

上田誠也・水谷仁編（1992）：『地球』（岩波地球科学選書） 岩波書店.

大嶋和雄（1977）：地質ニュース，**280**，36-44.

大森聡一・磯﨑行雄（2011）：地学雑誌，**120**，40-51.

小田啓邦（2007）：地質ニュース，**633**，31-36.

勘米良亀齢ほか編（1980）：『日本の地質』（岩波講座地球科学） 岩波書店.

金光玄樹ほか（2011）：地学雑誌，**120**，889-909.

木村光佑ほか（2019）：地質学雑誌，**125**，153-165.

牛来正夫（1955）：地球科学，**22**，8-10.

国立科学博物館編（2006）：『日本列島の自然史』 東海大学出版会.

小林貞一編（1951）：『日本地方地質誌 9 総論：日本の起源と佐川輪廻』 朝倉書店.

佐藤隆春ほか（2012）：地質学雑誌，**118**，S53-S69.

沢田輝ほか（2018）：地学雑誌，**127**，705-721.

鹿野和彦ほか（1991）：地質調査所報告，**274**.

杉山雄一（1992）：地質学論集，**40**，219-233.

平朝彦ほか（1981）：科学，**51**，508-515.

平朝彦（1990）：『日本列島の誕生』 岩波新書.

平朝彦ほか（1997）：『地殻の進化』（岩波講座地球惑星科学） 岩波書店.

平朝彦ほか（1998）：『地球進化論』（岩波講座地球惑星科学） 岩波書店.

高橋雅紀（2006a）：地質学雑誌，**112**，14-32.

高橋雅紀（2006b）：地学雑誌，**115**，116-123.

高橋雅紀（2017）：GSJ 地質ニュース，**6**，251-260.

高橋雅紀（2018）：GSJ 地質ニュース，**7**，3-13.

高橋雅紀・安藤寿男（2016）：化石，**100**，45-59.

田切美智雄ほか（2008）：日本地質学会学術大会講演要旨.

田切美智雄ほか（2010）：地学雑誌，**119**，245-256.

田切美智雄ほか（2016）：地質学雑誌，**122**，231-247.

田沢純一（1993）：地質学雑誌，**99**，525-543.

田中啓策（1970）：地質調査所月報，**21**，579-593.

束田和弘・小池敏夫（1997）：地質学雑誌，**103**，171-174.

堤之恭ほか（2018）：地学雑誌，**127**，21-51.

泊次郎（2008）：『プレートテクトニクスの拒絶と受容──戦後日本の地球科学史』 東京大学出版会.

冨田達（1956）：地球科学，**26・27**，36-51.

鳥海光弘ほか（1996）：『地球システム科学』（岩波講座地球惑星科学） 岩波書店.

鳥海光弘ほか（1997）：『地球内部ダイナミクス』（岩波講座地球惑星科学） 岩波書店.

中嶋健（2018）：地質学雑誌，**124**，693-722.

中田節也（1993）：地質学論集，**41**，83-91.

中畑浩基ほか（2016a）：地学雑誌，**125**，353-380.

中畑浩基ほか（2016b）：地学雑誌，**125**，717-745.

中間隆晃ほか（2010）：地学雑誌，**119**，00270-278.

奈須紀幸ほか（1978）：堆積学研究会報，**15**，12-15.

日本地質学会編（2006）：『日本地方地質誌4　中部地方』 朝倉書店.

日本地質学会編（2008）：『日本地方地質誌3　関東地方』 朝倉書店.

日本地質学会編（2009a）：『日本地方地質誌5　近畿地方』 朝倉書店.

日本地質学会編（2009b）：『日本地方地質誌6　中国地方』 朝倉書店.

日本地質学会編（2010a）：『日本地方地質誌8　九州・沖縄地方』 朝倉書店.

日本地質学会編（2010b）：『日本地方地質誌1　北海道地方』朝倉書店.

日本地質学会編（2016）：『日本地方地質誌7　四国地方』 朝倉書店.

日本地質学会編（2017）：『日本地方地質誌2　東北地方』 朝倉書店.

日本の地質「九州地方」編集委員会編（1992）：『日本の地質9　九州地方』 共立出版.

長谷川遼ほか（2019）：地学雑誌，**128**，391-417.

長谷川遼ほか（2020）：地学雑誌，**129**，49-70.

原英俊ほか（2018）：20万分の1地質図幅「高知」（第2版），産総研地質調査総合センター.

藤岡換太郎（2018）：『フォッサマグナ　日本列島を分断する巨大地溝の正体』　講談社ブ
ルーバックス.

星博幸（2018）：地質学雑誌，**124**，675-691.

牧本博ほか（2004）：粉河地域の地質．5万分の1地質図幅，産総研地質調査総合センター.

松井孝典ほか（1996）：『地球惑星科学入門』（岩波講座地球惑星科学）　岩波書店.

湊正雄（1960）：地球科学，**46**，30-37.

湊正雄・井尻正二（1976）：『日本列島　第3版』　岩波新書.

都城秋穂（1994）：『変成作用』　岩波書店.

宮田隆夫・岩本正人（1994）：構造地質，**40**，139-144.

山北聡・大藤茂（2000）：地質学論集，**56**，23-38.

山本伸次（2010）：地学雑誌，**119**，963-998.

※参考文献に関しては、原典よりも日本語論文・書籍を優先的に用いた。

索引

アルファベット

CHUR	085, 094
DM	085, 094
LIPs	039
MORB	036
OIB	036
Tera-Wasserburg コンコーディア図	089
Wetherill コンコーディア図	089

あ

アイソクロン	078
アイソクロン法	077
アウターライズ地震	032
秋吉・佐川造山説	108
アセノスフェア	021
圧縮応力型沈み込み帯	064
安定核種	076
イザナギプレート	137
異常震度分布	032
伊豆・小笠原海溝	003
伊豆 – 小笠原弧	166, 169, 174, 178
和泉層群	201
和泉帯	202
糸魚川 – 静岡構造線	149
ウィルソンサイクル	025
ヴェーゲナー	013
失われた領家帯	156
エクロジャイト	128
オイラーの定理	020
大野川屈曲	153
親核種	076
親潮古陸	115
沖縄トラフ	004, 170, 190

か

オルソクォーツァイト	113
海溝	003, 021, 137
海溝三重点	183, 207
壊変系	076
海洋地殻	011
海洋底拡大説	018
海洋島玄武岩	036（→ OIB）
海洋プレート	021
海洋プレート層序	046
海嶺の押し力	023
かきとり付加作用	043
核	011
花崗岩	011, 119
火山フロント	036, 048, 059
化石	054, 069
活動的大陸縁	027, 119
下底浸食	058
カルデラ	168
間隙水	043
含水鉱物	034
観音開き説	142
かんらん岩	011
北中国地塊	125, 127
基盤	054
クラプレート	137
グリーンタフ	146, 149
クリッペ	199
黒潮古陸	114
黒瀬川古陸	195
黒瀬川帯	194
珪藻	072
激変説	104

結晶水	034
玄武岩	011, 045
広域変成作用	047
高温低圧型変成作用	048
構造浸食	056
構造浸食型沈み込み帯	056, 059
枯渇マントル	085 (→ DM)
古生代	069
古地磁気	014
古中央構造線	155, 205
コノドント	072, 112, 120
コノドント革命	112
古流向	113
コンコーディア	089
コンコーディア図	089
コンドライト隕石	085

さ

砕屑性ジルコン	086, 098
三波川帯	099, 137, 199
四国海盆	168
示準化石	071
地震	030
沈み込み帯	021
磁北極	014
絞り出し説	053, 138
ジャッキアップ説	053
蛇紋岩	053
蛇紋岩取り込み説	053
蛇紋岩メランジュ	130, 195
収束境界	021, 031, 040, 042, 045
シュードアイソクロン	082
受動的大陸縁	027, 118
衝上断層	154

衝突帯	022
ジルコン	086, 100, 119, 123
震源	030
新生代	069
新中央構造線	155, 184
伸長応力型沈み込み帯	064
水平構造説	199
数値年代	076
スプレッディング	172
スラブ	023, 064
スラブ内地震	032
スラブ引張り力	023
すれ違い境界	022
斉一説	104
整然層	001, 054
西南日本	142, 212
石灰岩	045, 054
石灰藻	072
接触変成作用	047
絶対年代	075
瀬戸内海	187
前縁浸食	058
前縁隆起帯	059
全岩アイソクロン法	081
全岩‐鉱物アイソクロン法	082
全岩年代	081
全岩分析	081
前弧	059
前弧海盆	059
前弧スリバー	155, 186
造山運動	028
造山輪廻	106
相対年代	075
底付け付加作用	043

た

第一瀬戸内海	187, 192
大規模火成岩区	039（→ LIPs）
第二瀬戸内累層群	187
第二瀬戸内海	187
太平洋プレート	003, 137, 168
大陸地殻	011, 061
大陸漂移説（大陸移動説）	013, 067
大陸プレート	022
大量絶滅	070
棚倉構造線	151
地殻	011
地球収縮説	105
地向斜	106
地向斜造山論	108, 110
地質年代	071
千島海溝	003
地層累重の法則	054
秩父帯	194
チバニアン	076, 093
チャート	045, 072
中央海嶺（海嶺）	016, 021, 040, 045, 138
中央海嶺玄武岩	036（→ MORB）
中央構造線	152
中温中圧型変成岩	049
中生代	069
超大陸	025
超臨界流体	034
対の変成作用	048
低温高圧型変成岩	051
低温高圧型変成作用	048
ディスコーディア	090
デコルマ	044
デュープレックス構造	044

寺田寅彦	067
テレーン	195
同位体成長曲線	085
東北日本	142, 218
利根川構造線	149, 151
トラフ	023
トランスフォーム断層	022

な

内陸性地震	032
ナウマン	149
ナップ	198
南海トラフ	004
南部フォッサマグナ	149
西之島	178
日本海	067, 141, 145
日本海溝	003
日本酒	192

は

背弧	059
背弧海盆	004, 062, 166
背弧拡大	002, 062, 063, 141, 166
パシフィカ	195
バックストップ説	053
発散境界	021
ハワイ・天皇海山列	038, 146
半減期	077
はんれい岩	045
微化石	072, 095, 111
翡翠輝石	119
日立変成岩	121
非平衡ジルコン	093

氷河期　　　　　　　　　　　158
フィリピン海プレート
　　　　　　003, 155, 163, 168, 170, 208
フェンスター　　　　　　　　199
フォッサマグナ　　　　149, 150
付加型沈み込み帯　　　056, 059
付加体　　　　001, 042, 095
不適合元素　　　　　　　　　085
部分溶融　　　　　　　　　　034
プリューム　　　　　　039, 065
浮力上昇説　　　　　　051, 138
プルアパートベイスン説　　　142
プレート　　　　　　　001, 021
プレート境界型地震　　　　　032
プレートテクトニクス　　　　110
平家プレート　　　　　　　　177
閉鎖温度　　　　　　　　　　079
平頂海山　　　　　　　　　　040
別府－島原地溝帯　　　　　　190
変成作用　　　　　　　　　　047
放散虫　　　　045, 072, 112
放散虫革命　　　　　　　　　112
放射壊変　　　　　　　　　　076
放射性核種　　　　　　　　　076
放射年代　　　075, 077, 111
放射平衡　　　　　　　　　　092
北部フォッサマグナ　　　　　149
ホットスポット　　　　036, 178
本州造山説　　　　　　　　　110

ま

舞鶴帯　　　　　　　　132, 148
マグマ　　　　　　　　034, 047
マントル　　　　　　　　　　011

マントル上昇流　　039（→プリューム）
マントル対流　　　　　　　　013
水の硬度　　　　　　　　　　191
南中国圏　　　　　　　　　　132
南中国地塊　　　　118, 125, 127
娘核種　　　　　　　　　　　076
メランジュ　　　　　　　　　045
模式地　　　　　　　　　　　076
モデル年代　　　　　　　　　083

や

有孔虫　　　　　　　　　　　072
ユーラシアプレート　　　　　170
横ずれ断層　　　　　　　　　153

ら

リソスフェア　　　　　　　　021
リフティング　　　　　　　　172
琉球海溝　　　　　　　004, 170
領家帯　　　　　　　　　　　156

著者紹介

堤 之恭 博士（理学）

2003 年 広島大学大学院理学研究科地球惑星システム学専攻 博士課程修了

現 在 国立科学博物館地学研究部 研究主幹
筑波大学生命環境系 准教授（兼任）

NDC450 239p 21cm

絵でわかるシリーズ

新版 絵でわかる日本列島の誕生

2021 年 5 月 11 日 第 1 刷発行
2023 年 9 月 4 日 第 3 刷発行

著 者 堤 之恭
発行者 髙橋明男
発行所 株式会社 講談社
〒 112-8001 東京都文京区音羽 2-12-21
販 売 (03) 5395-4415
業 務 (03) 5395-3615

KODANSHA

編 集 株式会社 講談社サイエンティフィク
代表 堀越俊一
〒 162-0825 東京都新宿区神楽坂 2-14 ノービィビル
編 集 (03) 3235-3701

本文データ制作 株式会社エヌ・オフィス
印刷・製本 株式会社ＫＰＳプロダクツ